算数の探険 ② 遠山 啓 著

いろいろな単位①

算数の探険隊のみんなへ

この暗号がとけるかな？

4	な	と	タ	す	ム	レ
3	テ	か	う	せ	い	て
2	た	。	し	イ	き	ん
1	に	で	ビ	お	が	み
	1	2	3	4	5	6

(3,4)(4,2)(5,4)(1,3)(6,4)
(3,1)(2,4)(5,3)(3,3)(4,4)
(6,3)(5,2)(1,4)(5,2)(2,3)
(5,3)(5,1)(2,3)(6,2)(4,3)
(5,3)(3,2)(1,2)(2,2)(6,1)
(1,1)(4,1)(5,3)(2,1)(2,2)

はかせより

すてきなきかいを
見に行こう！

サッカー　はかせは，ぼくらを研究所に
しょうたいしてくれているんだよ。

ユカリ　タイムテレビって何だろうね？

ピカット　はかせがはつめいしたきかい
で，スイッチをいれると，大むかしので
きごとが，テレビにうつるんだ。

サッカー　すごいじゃないか，行こうよ。
きっと，はかせの研究所で，さんすうの
探険ができるんだよ。

　どうやら，暗号の手紙がよめたようだ
ね。きみも謎がとけたかな？　では，町
はずれのはかせの研究所に行ってみよう
か。あれ，オウムのタロウがあいさつに
とんできたぞ。それに，グーグーがひと
足早く研究所の入口で，ちょこんとぼく
らをまっているじゃないか——

はかせの手紙には、こう書かれてあったんだ。「タイムテレビというすてきなきかいがかんせいした。みにおいで」かんたんに読んでしまったと思うけど、ねんのため。　　　　―オウムのタロウ―

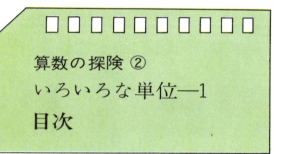

算数の探険 ②
いろいろな単位—1
目次

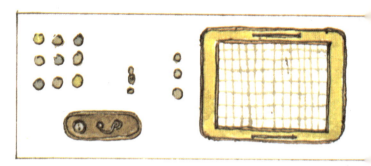

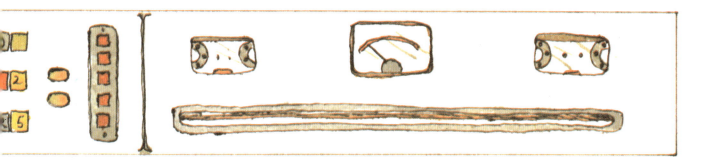

　パイプを手に，はかせがニコニコと顔を出した。

はかせ　やあ，よく来たね。この大きなきかいが，タイムテレビだよ。大昔のことでも，未来のことでも，何でもうつすことができるのじゃ。

ジュースや水をはかる

はかせ　タイムテレビのスイッチを入れる前に，ジュースをのみながら，学校の話でも聞こうかな。

　ユカリたちは，はかせにまねかれて，いすにこしをおろした。ところが，グーグーがもじもじしている。

グーグー　あの，ボク，あのう……，ボクのジュース，ほかの人よりすくないみたい。いくらボクが小さいからって，やっぱり，みんなと同じだけほしいな……

ちょくせつくらべる

はかせ　グーグーには，大きなコップで出してあげたが，中のジュースは，みんなとおんなじだよ。

グーグー　だって，だって，……

　グーグーは，ユカリのコップと自分のコップをくらべてみた。

グーグー　ほら，ボクの方がすくないよ。ボクのだけすくないんだよ。

ユカリ　じゃ，わたしのととりかえてあげるわ。

　ユカリがこまって，やさしくグーグーに言った。

はかせ　ちょっとまちなさい。グーグー，みんなと同じコップに入れてあげよう。

　そう言うとはかせは，ユカリちゃんたちと同じコップをとり出してきた。

はかせ　これに入れかえると，わかるだろう？

　そこでグーグーは，自分のコップから

みんなと同じ新しいコップに，ジュースを入れてみたんだ。そして，ユカリやサッカーのジュースとくらべてみたら，ぴたりと同じ高さになった。

サッカー　ほら，おんなじじゃないか。

　するとグーグーは，ピンクのからだを，はずかしそうに赤くしながら，言った。

グーグー　だって，ジュースがさっきよりもふえたんだよ。さっきは，ユカリちゃんのより，ずっとすくなかったんだもの。

　はかせが，わらいながら言った。

はかせ　同じジュースが，入れものによって，ふえたりへったりするじゃろうか。さっきのグーグーのコップは，コップのはばが大きいから，すくなく見えたんじゃないのかな？

グーグー　ちがうよ。ふえたんだよ。ジュースの高さが上がったもの。

入れものがかわっても ジュースはへらない

はかせ　グーグーの言うように，同じジュースが，入れものによって，ふえたりへったりするかどうか，しらべてみよう。

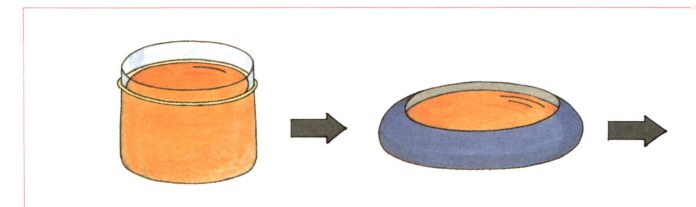

　　はかせは，青いコップにジュースを入れ，そのジュースの高さにきちんとゴムバンドをとめた。そしてジュースを，いろいろな形のほかのコップに入れてみたんだ。

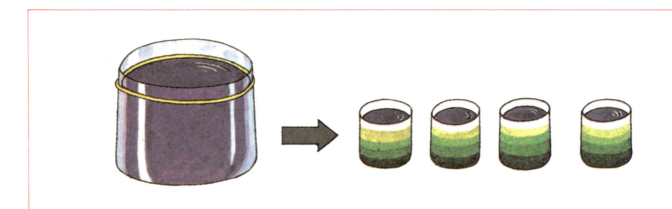

はかせ　そのとおり。同じジュースは，どんな入れものに入れても，量そのものは，かわらないね。さて，これはどうじゃろう？

　　はかせは，ゴムバンドの高さまでジュースを入れ，そのジュースを，小さなコップ7つにわけた。

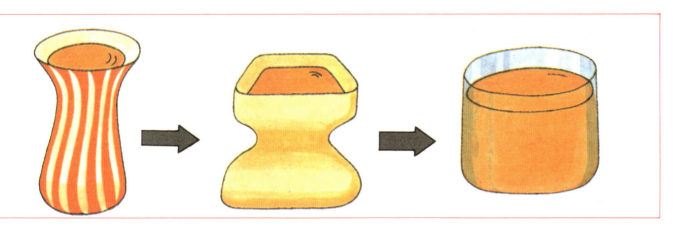

ユカリ　すくなく見えたり，おおく見えたりしたけれど，もとのコップにもどすと，ゴムバンドの高さとぴったりあって，かわっていないわ。

サッカー　タロウのコップ7はいに，ちょうどはいった。

ユカリ　もとにもどせば，やっぱり同じ量よ。

はかせ　このように，ジュースや水は，いくらでもこまかくわけることができて，しかもいくらこまかくわけても，ジュースや水は，へりもふえもしないのじゃよ。これでグーグーも，あんしんしてのめるじゃろう。

どちらがおおい?

はかせ グーグー, いまのじっけんで, ジュースとか水は, 入れものがかわっても, ふえもへりもしないということが, わかったね。

でも, どこかグーグーは, ふまんそう。

グーグー コップの大きさがちがうから, ジュースの高さだけで考えちゃいけない

んだね。わかったよ。

はかせ このタイムテレビをつかって, おもしろいものを見せてあげよう。

はかせが, スイッチをおすと, 画面になにか言いあらそいをしているはだかの男たちがうつったんだ。

はかせ これは, 大むかしのわたしたちの先祖じゃよ。海へ行っては貝をひろい, 山に行ってはウサギをおっていた時代の

— 10 —

人たちじゃ。ふたりはいま，つまらない
けんかをしている。自分の方が，もらっ
て帰る水がすくないと，あらそっている
のじゃが，じっさいにどうじゃろう？き
みたちなら，どうするかな？

サッカー　水がめの形がちがうから，く
らべることができないのですね？

はかせ　そうじゃ。さっきは，同じ大き
さのコップでちょくせつくらべることが

できた。ところがこんどは，形も大きさ
もちがう水がめじゃ，さあ，どうしてく
らべたらいいかな？　考えてごらん。

サッカー　どうすればいいのかなあ。

ユカリ　もし水がめの大きさが同じなら、水の高さを見れば、おおい、すくないはすぐわかるのにね。

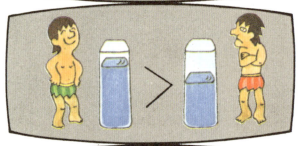

ピカット　まてよ。ピカッときそうだぞ。うん、そうだ。いいことに気がついたぞ。はかせ、こうすればどうでしょうか?

● ピカットの考え

同じ大きさの2つの水がめを用意して、そこに、2つのかめの水を入れてくらべればいいんじゃないですか。

オウム　大むかしだから、同じ大きさの2つの水がめなんて、ないのさ。

● ユカリの考え

1つだけ水がめを用意するの。そこへ、はじめのかめから水を入れ、しるしをつけて、もとにもどす。そしてつぎのかめの水を入れれば、……

● サッカーの考え

水がめの1つにしるしをつけて、その水をすててしまうんだ。そこへ、もう1つのかめから水を入れれば、いっぺんにわかるよ。

オウム　水をすてるなんて、ひどい。

同じ大きさの2つの水がめ

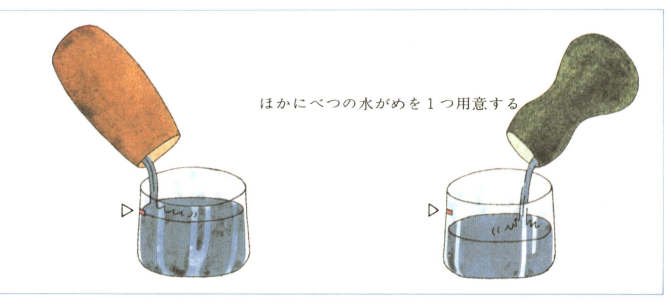

ほかにべつの水がめを1つ用意する

水がめの
高さにし
るしをつ
けたら水
をすてる

なかだちを つかってくらべる

オウム　3人の考えは、どれもまちがってはいないさ。ピカット君の考えもいいし、ユカリちゃんの考えなんか、とてもりっぱだ。サッカー君の水をすててしまう考えは、ちょっといきすぎだけど、まあ答えは正しくでるね。

　そこで、はかせのせつめいを聞こう。

はかせ　スイッチをおしてみよう。おや、村の年よりが出てきて、小さなつぼで両方の水をはかっているようだね。つぼで何ばいとれるかを、くらべようというわけだ。同じ入れものに入っている水の量をくらべるときは、ならべてみると、どちらがおおいか、すぐにわかった。とこ

ろが、形がちがう入れもののばあい、ちょくせつ目で見てもどちらがおおいかわからない。そのときは、べつの入れものに入れて、はかれば、よかったね。ユカリちゃんが考えたようになかだちがひつようになったのじゃ。つぎに、小さな入れものでなんばい分あるかをはかってくらべる方法が出てきた。さすが村の年よりじゃ。これだと、どちらがなんばい分多いかということまでわかって、ユカリちゃんのやりかたよりも、もっとせいかくにくらべることができるというわけじゃよ。56ぱいと48はいで、左の方が8ぱい分おおかったというわけじゃ。

やってみよう

いろんなコップで水のりょうをくらべているんだ。どっちがおおいかな?

ユカリとミクロは,同じだよ。

サッカーのほうがピカットよりおおいよ。

ミクロとピカットも同じなんだ。

ピカットは,グーグーよりもおおい。

ユカリと
ピカットは?

サッカーと
グーグーは?

　はかせがタイムテレビのスイッチを入れると……

サッカー　2つの村で，どっちがたくさんぶどう酒ができたか，くらべようとしてるんだ。

ユカリ　大きな入れものね。とても運べそうにないわね。ちょくせつくらべられないわ。

ピカット　なかだちの入れものに入れかえて，しるしをつけてくらべる方法は，どうだろう? まてよ，それも大きななかだちがひつようだし，運ぶのにたいへんだな。

ユカリ　小さななかだちをつかって，何

ばいあるかをはかればいいわ。小さい入
れものなら，運ぶのにかんたんだもの。

ピカット　山の村では，56ぱい，原っぱ
の村では，62はい。6ぱい分だけ，原っ
ぱの村のぶどう酒が多かったというふう
にやればいいね。

はかせ　小さななかだちをつかうことで，

遠くにある，形のちがった入れものでも
正しくくらべることができるわけじゃな。

なかだちをつかって, この水そうの中の水をはかって
ごらん。これは, ひとりずつやってもらおうかな。ま
ず, ピカット君から。

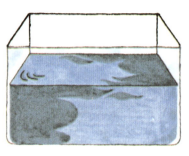

ピカット ぼくは, こ
のびんをなかだちにし
よう。はい, 5びんと
れました。

ユカリ わたしは, こ
のおなべをなかだちに
するの。はい, おなべ
に3ばいとれました。

サッカー ぼくは, こ
のコップではかってみ
よう。たいへん, 12 ぱ
いもとれちゃったぞ!

3人は，ほかの人がどんななかだちを
つかったのか，知らないのだ。

はかせ　グーグー，もとの
水そうの水と，なかだちに
何ばい分とはかった水とで
は，水の量は同じかな，それともちがう
のかな？

グーグー　同じだよ。水はどんな入れも
のに入れても，形がかわっても，それに
どんなにわけても，ふえたり，へったり
なんかするもんか。

はかせ　ハッハッハッ……グーグー，よ
くおぼえたね。それでは，みんなのなか
だちの3ばい分は，どうじゃろう？ピカ
ット君の3ばい分，ユカリちゃんの3ば
い分，サッカー君の3ばい分の水の量は，
それぞれ同じじゃろうか？

グーグー　3ばいは，みん
な3ばいだから，同じ3ば
いで，同じ量だよ。

はかせ　ほほう，じしんをもって答えた
ね。ほかのみんなも，グーグーと同じ考
えかな？

3人は，声をそろえて同じだと答えた。
だって，3人は，ほかの人がどんななか
だちをつかっているのか知らなかったん
だもの，これはしょうがない。ピカット
がびんに3びん分，ユカリがおなべに3

ばい分，サッカーがコップに3ばい分，
これでは，ちがうのがあたりまえだね。
ピカット　はかせのいじわる。ぼくは，
3人とも同じなかだちをつかっていたと
思っていたんだもの。はじめからそう言
ってくれれば，すぐわかったのに。

はかせは，ピカットの話を笑いながら
聞いていたが，きゅうにしんけんな顔を
して言ったんだ。
はかせ　すまなかったね。でもいいかな，
よく考えてごらん。はなれたものをくら
べるときはなかだちがあればいい。けれ
ど，そのなかだちが，人によって，国に
よってちがっていたらどうなるじゃろう。

— 19 —

世界じゅうで
つかえる単位

はかせ　タイムテレビを見てごらん。3つの国の人たちが，それぞれちがう大きさのなかだちをもっているね。これじゃあ，さっきのきみたちのように同じ1ぱいでも，まったくちがった量になってしまうね。そんなことでは，とてもくらべるわけにはいかない。さーて，どうすればいいかな？

ユカリ　なかだちにする入れものを，みんな同じにすればいいと思うわ。

はかせ　そのとおりじゃ。なかだちにつかうますを同じにすれば，世界じゅうどこでも同じ量がはかれるのじゃ。

 はかせ　そこで，世界じゅうの人たちが，いつでも，どこでもつかえるますとしてつくられたのが，この1デシリットルというなかだち，つまり単位（たんい）なのじゃ。

$$1 デシリットル = 1 d\ell$$

このコップをつかえば，世界じゅうどこでも，1 $d\ell$，2 $d\ell$，……と言えばわかってもらえる。さっきのように，ひとりひとりが，かってにつかっていた単位が，はじめて，世界じゅうでつかえる単位になったわけじゃ。そこでいままでのことを

せいりしてみよう。

①ちょくせつ，くらべる。

②なにか，なかだちをつかってくらべる。

③なかだちの単位は，さまざま。

④世界じゅうでつかえる単位

　みんなが，はじめて1 $d\ell$ という単位をはかせからおしえてもらっているのに，グーグーときたら，めんどくさいなあなんてぶつぶつ言いながら，いつのまにか，ねむりこんでいたんだ。

世界の子供と はかりくらべ

オウムのタロウが, くちばしでちょんとスイッチをつっつくと, アメリカ, フランス, 中国, ベトナムの子供たちが, みんな1dlのますで, 水やジュースやお酒や石油をはかっているんだ。

ユカリ 1ぱいで1dl, 2はいで2dl……

サッカー 3ばいで3dl, 4はいなら4dlだ。10ぱいなら10dl。世界じゅうで, 正しくはかりくらべができるぞ!

ユカリ もしもし, アメリカのお友だち, オレンジジュースは, どれだけあるの?

アメリカの子供 1dlますで5はいだから5dlだよ。

中国の子供 ▨ ▨ ▨ ▨ お酒がこれだけあるから, 3dlとちょっとだよ。

このタイムテレビ, おどろいたことに, 電話のように話しもできるんだ。ことばだってわかっちゃう。

オウム じゃあ, これをやってごらん。

1) 1dlますで7はいは何dlか?

2) 6dlは1dlますで何ばいか?

3) ▨ ▨ ▨ ▨ ▨ は何dlか?

4) 2dlとちょっとを図にかいてごらん。

世界じゅうの子供たちが, みんな同じ答えになるなんて, すばらしいことだね。

— 22 —

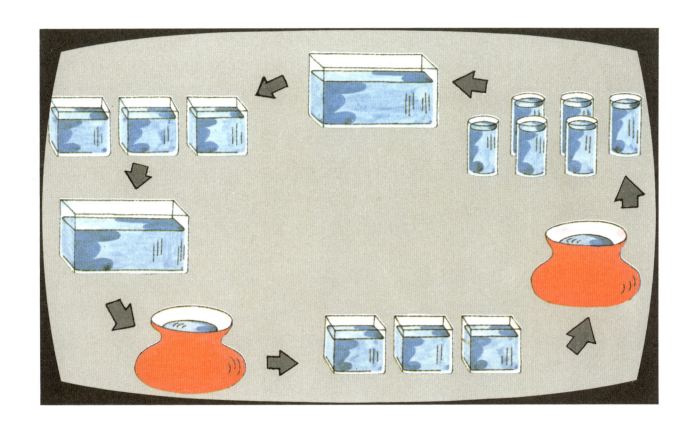

サッカー　おや，タイムテレビにうつった図は，何だろう?

ユカリ　矢印どおり見ていくと，ぐるぐるまわっているようね。

ピカット　1 $d\ell$ ますに水が入っているのが3ばいだから3 $d\ell$。それを角ばった入れものにいっしょに入れる。やっぱり3 $d\ell$ だ。それを丸い入れものに入れかえたんだね。

サッカー　何 $d\ell$ なんだろう。書いてない。

グーグー　形がかわっても水の量は，かわらない。ボクのとくいなところだよ。

サッカー　なるほど，グーグーのひとつおぼえ。

グーグー　ばかにしないで! 丸い入れものの水をまた1 $d\ell$ ますに分けても量はかわらないのさ。3 $d\ell$ は3 $d\ell$。

ピカット　もっと小さな入れものにわけても，かわらない。

はかせ　水やジュースや石油のように流れるものを液体というんじゃが，

① 形がかわっても量は，かわらない。

② どんなに分けてもやはり量は，かわらない。

液体には，この2つの性質があるんじゃよ。

ピカットの名案

ユカリ　でも，いちいち1ぱい，2はいとかぞえるのは，とてもたいへんだわ。なにかいい方法はないのかしら？

サッカー　2 $d\ell$ のますをつかったらどう？

　そのとき，考えこんでいたピカットがさけんだんだ。

ピカット　うん，ピカッときたぞ! 水そうにね，1 $d\ell$ ずつ目もりをつけるんだよ。そうすれば，その水そうに水を入れれば，いっぺんで何 $d\ell$ かわかるだろう。

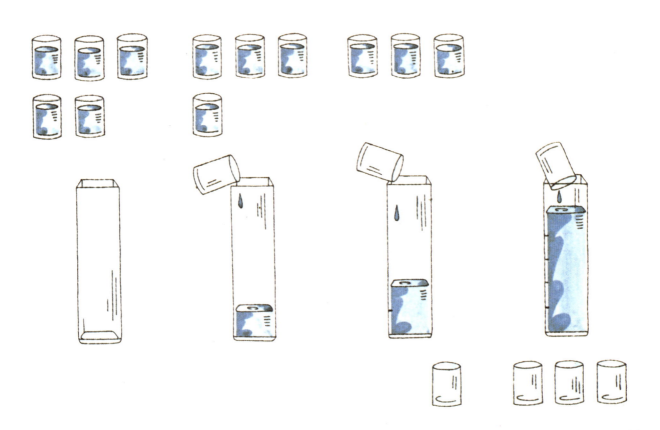

ピカットは，そこで水そうに1 $d\ell$ のますに1ぱい水を入れて，マジックペンで，その高さのところに目もりをつけた。2はいめを入れて，また目もりをつけ，3ばいめ，4はいめというふうに，5 $d\ell$ 分の目もりをつけた水そうをつくったんだ。

ユカリ　これなら，とてもはかりやすいわ。

ジュースもたし算ができる

みんなの話を聞いていたはかせが目を
ほそくしながら言った。

はかせ ピカット君は，すてきなことを
考えたね。さて，そこでじゃ。1 $d\ell$ ずつ
目もりをつけて，いっぺんにはかれると

いうことは，1 $d\ell$，1 $d\ell$，1 $d\ell$，……

ユカリ たし算だわ。はかせ，ジュース
もたし算ができるのね。

サッカー 1 $d\ell$ ＋1 $d\ell$ ＋1 $d\ell$ ＝3 $d\ell$

ピカット 2 $d\ell$ ＋1 $d\ell$ ＝3 $d\ell$

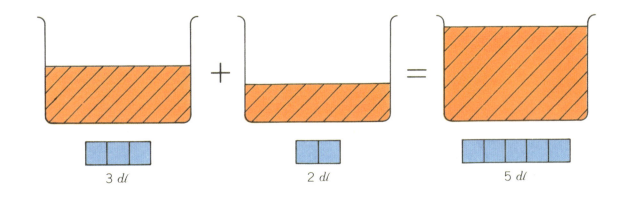

このように，$d\ell$ という単位でかぞえれ
ば，1, 2, 3, ……とタイルのようにかぞ
えることもできるし，たし算もひき算も
できるんだよ。

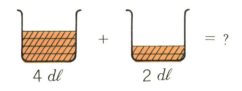

1. あわせて何 $d\ell$ になるかな?

4 $d\ell$ ＋ 2 $d\ell$ ＝ ?

2. 5 $d\ell$ のオレンジジュースと，3 $d\ell$
のオレンジジュースがある。あわせ
ると何 $d\ell$ になるだろう?

3. 8 $d\ell$ の水があったけど，3 $d\ell$ のん
でしまった。何 $d\ell$ のこっているか?

4. ぶどう酒をあやまって2 $d\ell$ こぼし
てしまったけど，まだここに4 $d\ell$ あ
るんだ。はじめは何 $d\ell$ あったのかな。

ℓ（リットル）の話

　さて，マクロが，どっこいしょと，大きな水がめをもってきた。

マクロ　ミクロちゃん，この水がめの中に，どのくらいイチゴジュースがはいってると思う？

ミクロ　そんなのかんたんよ。dℓ のカップではかればいいじゃないの。

　こう言ってミクロは，大きな水がめのイチゴジュースを，どんどんはかりはじめたんだ。

　そしたら，なんと46ぱいもとれたんだ。

ミクロ　できたわよ。ぜんぶで46 dℓ！

ピカット　でも，46ぱいもはかるなんてとてもたいへんだなあ。

はかせ ピカット君，なにかいい考えがうかんだかな？

ピカット 1 $d\ell$ のますより，もっと大きなますがあればいいんだけどなあ。

ユカリ もっと大きなます？ そうだ，タイルよ。一のタイルが10こで1本になったでしょう。そんなふうに，10 $d\ell$ のますをつくれば，べんりだと思うの。

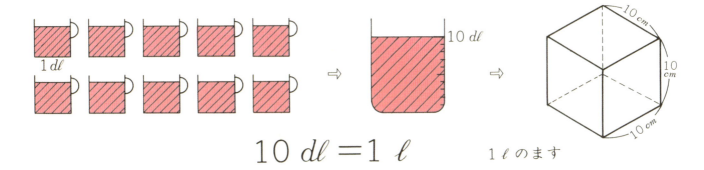

$$10 \, d\ell = 1 \, \ell$$

1ℓ のます

はかせ うん，うん，そのとおりじゃ。十進法（じゅっしんぽう）のことを知っているかな（第1巻p.114を見てごらん）。 1 $d\ell$ のひとつ上のくらい，というのは，10 $d\ell$ のことなんじゃが，タイルでいえば1本じゃね。これを1 ℓ（リットル）というのじゃ。この1 ℓ ますに，$d\ell$ の目もりをつけておくと $d\ell$ の単位（たんい）もはかれてべんりじゃよ。

  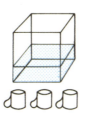 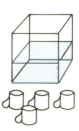 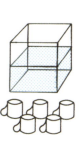

1 ℓ ますに $d\ell$ の目もりをつけると、$d\ell$ の単位もはかれる
たとえば……

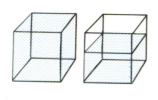

1 ℓ 6 $d\ell$

4 ℓ 6 $d\ell$

オウム　さっきマクロ君が，もってきた水がめを，ℓ ま
すではかってごらん。

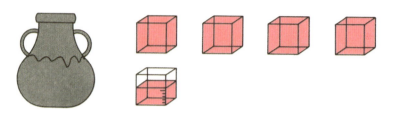

はかせ　ℓ ますで，はかれば，5回ですんでしまったね。
ℓ と dℓ のかんけいを式で書くとこうなるのじゃ。

$$4\,\ell = 40\,d\ell$$

$4\,\ell\,6\,d\ell$ ⟨　$4\,\ell = 40\,d\ell$ ⋯⋯　40 dℓ
　　　　　　　⋯⋯ 6 dℓ ⋯⋯ ＋ 6 dℓ
　　　　　　　　　　　　　　 46 dℓ

やってみよう

1.　30 dℓ は，何 ℓ かな?

　　50 dℓ は，何 ℓ かな?

　　8 ℓ 5 dℓ は何 dℓ かな?

　　9 ℓ 9 dℓ は何 dℓ かな?

2.　2 ℓ に 6 dℓ をあわせると何 dℓ になる
　　だろう?

　　57 dℓ から 7 dℓ をひくと何 dℓ になる
　　のかな?　またそれは何 ℓ か?

3.　つぎのもんだいをやってみよう。

　　9 ℓ ＝(　　)dℓ　　　3 ℓ ＝(　　)dℓ

　　14 ℓ ＝(　　)dℓ　　98 ℓ ＝(　　)dℓ

　　3 ℓ 6 dℓ ＝(　　)dℓ　　1 ℓ ＋ 2 dℓ ＝

　　9 ℓ 2 dℓ ＝(　　)dℓ　　5 ℓ － 3 dℓ ＝

　　1 ℓ 5 dℓ ＝(　　)dℓ　　11 ℓ ＋ 9 dℓ ＝

　　9 ℓ ×7 ＝(　　)ℓ　　53 ℓ － 31 dℓ ＝

　　2 ℓ ×3 ＝(　　)dℓ　　81 ℓ ＋ 9 dℓ ＝

コップの1と1ℓの1は同じかな？

ユカリが，むずかしそうな顔をしているんだ。

ユカリ　でも「はかる」って，とてもたいへんなことね。コップなら，1こ，2こ，……とただかぞえればいいのに，水やジュースは，なかだちをつかわなければ，どこまでもつながっていて，そうかんたんに，はかれないでしょう。

サッカー　そうなんだよ。ぼくが，こまるのは，水やジュースをはかるばあい，びんなら1本，2本だし，ガラスのコップなら1ぱい，2はい，dlのますや$ℓ$のますだと，何dlとか何$ℓ$でしょ。同じジュースでもこんなにいろんなはかりかた

があるんだもん，いやになっちゃうよ。

はかせが，小さな声で話しだしたんだ。

はかせ　すこしいやになるのが，はやすぎるのじゃよ。これでは，りっぱな探険隊とはいえないよ。なぜそうなったのか考えてみるのじゃ。コップや，人や，タイルといったものは，ひとつひとつが，わかれていて，「人が3人いる」と言っても「人が3いる」と言ってもいみがわからないことはない。ところが，水やジュースのように，きれめがなく，つながっている量は，もし「水が3ある」と言っても，その「3」が，3dlの3なのか，3$ℓ$の3なのか，それとも，すきかってな，なかだちではかった3ばいなのか，単位をはっきりつけなくては，はかった本人にしかわからない。ということは，コップの1と1$ℓ$の1は，いみがまるでちがっているのじゃ。それは，いままでになぜ単位が生まれてきたのか，タイムテレビを見てわかったと思うのじゃが，たくさんの人たちに知らせるために，ひつようじゃから，そうきめたのじゃな。水やジュースみたいなものには，単位をつけるのをわすれると，たいへんなことになるから気をつけることじゃ。

ヤシの実の１リットル

はかせ　さて，おもしろい話をしてあげようね。南洋のヤップ島という島を知っているかな？

サッカー　ええ。大きな石のおかねがあるところですね。

はかせ　そう。この島の人たちは，おもしろいますを使っていたのじゃ。ココヤシの実のからっぽの大きさを水をはかるときの単位にしていたのじゃね。ココヤシの実１つ，２つ……というように。

ピカット　でも，はかせ。ココヤシの実といっても，大きいのや，小さいのがあるでしょう。それでは，きちんとした単位にならないのではないですか？

はかせ　大きかったり，小さかったりしては，不便じゃね。そこで，ヤップ島の人たちは，よくみのっていて，中くらいの大きさのもの，ときめていたのじゃ。

ユカリ　大きさがきまれば，ココヤシの実だって，りっぱな単位ですね。

はかせ　そうじゃよ。ほかに，かわったものとして，インドに「牛の足あと」という容積をはかる単位があった。やわらかい土を牛がふんだときにできるくぼみのあとというのじゃから，おもしろいね。

それから，中国の伝説に，黄帝という王さまがいた。この王さまは，美しい音色の竹笛を作らせて，それを長さと容積と重さの単位にした。同じ太さの竹をえらんで，その笛の長さを長さの１，その竹の中にはいる量を容積の単位の１とし，また，その竹づつの中にはいるキビの重さを重さの単位の１としたのじゃ。音楽のように美しいととのった単位を作ろうとしたのじゃよ。

太閤秀吉はわるい人？

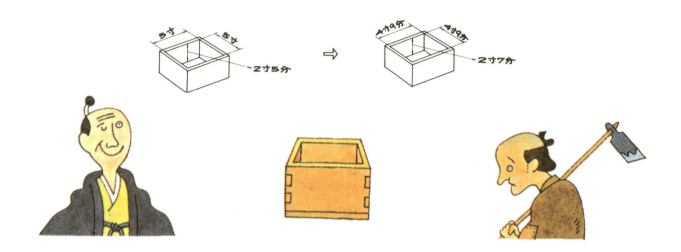

はかせ 1升とか何合とかいうことばを，きみたちは，おとうさんやおかあさんから，聞いたことがあるじゃろう。その1升ますについて，こんなおもしろい話があるのじゃ。きみたちは，太閤秀吉という人を知っているじゃろう。またの名を豊臣秀吉といったのじゃが，彼は，農民から集めるお米をすこしでもたくさんとりたいと思い，1升ますに，気づかれないようにさいくをしたのじゃ。どうやったかというと，ますのたて・よこをちぢめて，そのちぢめたぶんだけ，ますのふかさをふかくしたのじゃと言ってごまかしたのじゃ。それまでつかっていた1升

ますよりちょっぴり大きくなったのに気がついたものはいなくて，まんまといっぱいくわされたのじゃな。もちろん農民の中には，それに気づいたものもあったのじゃが，がまんしなければならなかったのじゃ。そうして，いまの1升ますができたのじゃが，単位の1というものは，こんなふうに，人があとでつくりだした1じゃということがよくわかるじゃろう。

ピカット 秀吉は，悪ぢえをはたらかせて，すこしでもたくさん，農民からお米をとりあげようとしたんだね。

はかせ もっとも，秀吉がやったという，はっきりしたしょうこもないのじゃがな。

長さをはかる

はかせ　こんどはどんな画面が出てくるのかな。

　そう言うと，はかせはタイムテレビのチャンネルを動かしてから，しずかにスイッチを入れた。

ユカリ　また，大昔の人が出てきたわ。

サッカー　きれいな首かざりをしてるよ。また何か，言いあいをしているよ。

オウム　あれは，貝の首かざりさ。2人は，自分の首かざりの方が長いとじまん

しあっているんだけど，どうしたらそれがわかると思う？

ユカリ　長さをくらべればかんたんよ。

オウム　長さをくらべるって，じっさいに，どうすればいいの？

ユカリ　首かざりをまっすぐにのばして，はしとはしをきちんとそろえれば，すぐにわかるわ。

オウム　そうだね。でも，首かざりを切ってしまったら，つかいものにならなく

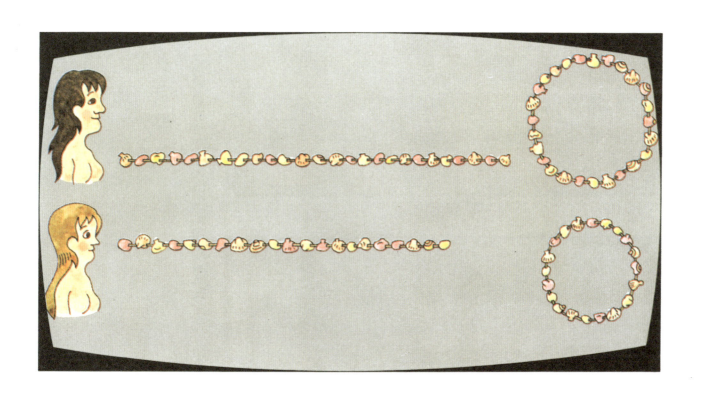

なるんじゃないかい。

　みんなは，考えこんでしまった。

ピカット　そうだ。わの形のままでくらべたら？　どうしてだか，わからないけど，長い方の首かざりは，大きなわになると思うんだ。

はかせ　そのとおりじゃ。よく気がついたね。どうしてそうなるかは，もっと先へいけばわかるようになるから，ここでは，次へ進むとしよう。

　そこで，まえに水やジュースをはかる

ところで，4つの方法があったね。おぼえているかな？

サッカー　①ちょくせつくらべる，②なかだちをつかってくらべる，③小さななかだちで，いくつ分あるかくらべる，④世界じゅうでつかえる単位で，はかる。この4つの方法がありました。

はかせ　すごいね，サッカー君。

　はかせは，ニッコリわらいながら，スイッチをポンときりかえたんだ。

なかだちを つかってくらべる

ピカット あっ，大むかしの人が，トーテムポールの高さをくらべようとしてるんだ。見くらべるだけでは，どっちが高いかわからない。どうしたらいいのかな？

ユカリ むこうの村の人が，ひもで高さをはかっているわ。ひもをなかだちにするわけね。

サッカー そのひもをこっちの村にもってくるよ。

ピカット こっちの村のトーテムポールの方が，ひもより長いぞ。ということは，こっちの村のトーテムポールが高いんだ。

ユカリ むかしの人もさすがね。

なかだちで どのくらい?

サッカー　こんどは
なにをするのかな?
オウム　*A* さんと *B*
さんが, 丸木舟がお
いてある川のふちま
で, どちらが近いか,
くらべようとしてい
るんだよ。

ユカリ　あら, *A* さ
んと *B* さんが合図し
あって, 同時に家を
出たわ。
ピカット　なるほど。
どっちが先に川へつ
くか, それでくらべ
るんだね。

サッカー　*A* さんが
先についた。*A* さん
の家が近かったんだ。
ユカリ　でも, 歩く
速さがちがうとこま
るわ。1歩, 2歩とか
ぞえたほうが, ずっ
といいと思うけど。

オウム　ユカリちゃんの言うとおり，人によって歩く速さがちがうから，1歩，2歩と，歩はばをなかだちにしたほうがいいみたいだね。じゃあ，みんなでここからへやのすみまで歩いてごらん。何歩あるかな？

ユ カ リ	27 歩
サッカー	25 歩
ピカット	26 歩
グーグー	60 歩
ミ ク ロ	55 歩
マ ク ロ	9 歩

そこでみんなは，歩いてみたんだ。ところが歩はばは，左の表のようになってしまった。

ユカリ　これでは，とてもなかだちとは言えないわ。同じ人が歩いたらまだいいかもしれないけど，それだって，元気のいいときと，ないときとでは，歩はばがちがってしまうだろうし，……

ピカット　みじかいぼうをつかって，ぼうがいくつ分とやったほうが，正しくくらべられるんじゃない？

m（メートル）の話

はかせ　ぼうではかっても，ひもではかっても，なかだちにする単位が，てんでんばらばらのものではしかたがない。そこで4番めの，世界じゅうに通用する，長さの単位をきめなくてはならなくなった。こうしてきめられたのが，いまみんながつかっている，mの単位なのじゃ。

　　　メートルは　どうして生まれたか

はかせ　いまから170年ほどまえ，「地球をもとにした，長さの単位が考えられないものか」と，フランスの学者たちがそうだんしあった。上の図を見てごらん。北きょくから，赤道を通り，ま下の南き

ょくをぬけて，ぐるりと地球の上をまわる線があるじゃろう。これを子午線という。この子午線を4000万（40000000）にわけたひとつを，1mとしようと，学者たちはとりきめたのじゃ。こうして，世界じゅうでつかえるmの単位ができたが，mだけの単位では，もっと長いものや，みじかいものをはかるのにふべんじゃね。

① 1000mは，1km

② 1mを100にわけたひとつは，1cm

③ 1cmを10にわけたひとつは，1mm

などが，とりきめられたのじゃよ。

オウム　地球のひとまわりは，4000万mになるんだよ。すごいだろう。

いろいろな長さの話

はかせ どこにでも通用する，きちんとした長さの単位ができるまで，世界のあちこちでは，じつにゆかいな「なかだち」を使っていた。たとえば，インドでは，「牛のさけび」という長さがあった。

サッカー 「牛のさけび」って，どんな長さですか？

はかせ 遠くにいて，牛のさけびが聞こえるきょりを1としたのじゃ。

ユカリ 1キロメートルというかわりに，1牛のさけび，2牛のさけび……，といったんですね。おもしろいな。

ピカット 牛の声の大きさでもかわってしまうし，風向きによってもかわってしまうと思うなあ。

はかせ ペルシャには，「ラクダが1時間に歩くきょり」という長さもあったし，もっとゆかいなのは，チベットの「お茶1ぱいのきょり」という単位じゃ。

サッカー いったい，どんな長さですか。

はかせ あついお茶を入れて，それがさめてのみごろになるまで，男の人が走りつづける。そのきょりを単位の1にしたのじゃね。およそ3kmになる。それから，いま，みんなが使っているmm（ミリメートル）のミリということばじゃが，これは昔ローマ人が，右足から右足までの2歩ぶんの長さを1とし，その1000回分を1ミリアリウムとした。それが$\frac{1}{1000}$をあらわすミリメートル，ミリリットルということばとしてのこったのじゃ。

ピカット ほかに，どんな単位があるの。

はかせ　いまでも，尺や寸の単位をつか
っているおとなの人たちがいるのを，き
みたちも知っているじゃろう。この尺と
いうのは，人のひじから手首までの長さ
をもとにしてつくられたものじゃ。ほか
に，もうつかわれなくなったが，ひとり
のおとなが手をよこに広げて，1ひろ，
2ひろというはかりかたもあったのじゃ。
このように単位は，時とともにうつりか
わっていくのじゃな。はじめのころは身

ぢかななかだちとして，からだのどこか
をもとにして単位をきめていたのじゃ。
たとえば，イギリスの1フィートという
単位は，おとなの足の親ゆびから，かか
とまでの長さだし，1インチというのは，
手の親ゆびのはばのことじゃ。ヤードと
いう単位には，おもしろい話があるのじ
ゃ。いまから900年ほど前，イギリスに

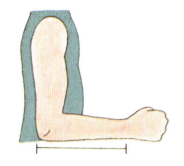

ヘンリー1世という王さまがいたのじゃ。
この王さまが，ある日，「わしのはなの
頭から，ゆび先までの長さを1ヤード
とする」と言った一言で，ヤードという
単位がきまったのじゃ。これは，王さま
じゃからできたことで，サッカー君が，
「ぼくのはなの頭からゆび先までの長さ
を1サッカーにする」なんていばっても，
それは，むりじゃな。おおぜいの人が，
それをまもってつかってくれなくては，
単位といえないのじゃ。ただ，自分のか
らだの長さをしらべておけば，ものさし
のかわりになってとてもべんりじゃよ。

やってみよう

　このもんだいは，算数の探険隊が自分たちでつくって
おたがいにときあったのです。みんなは，大よろこび。
グーグーなんか，まちがったもんだいをつくってみんな
からわいわい言われて，いつものようにねてしまいまし
た。さて，みなさんも，探険隊にちょうせんしてみませ
んか。

1.　サッカーのつくったもんだい

① 4782 dℓ ÷3＝　　② 5672 dℓ ÷8＝　　③ 9758 dℓ ×4＝　　④ 2500 dℓ ×5＝

⑤ 3892 cm ÷6＝　　⑥ 4321 cm ÷3＝　　⑦ 3800 cm ×2＝　　⑧ 4789 cm ×8＝

⑨ 5 ℓ 8 dℓ ＝□ dℓ　⑩ 9 ℓ 8 dℓ ＝□ dℓ　⑪ 7 ℓ 6 dℓ ＝□ dℓ　⑫ 8 ℓ 4 dℓ ＝□ dℓ

⑬ 3 m 72 cm ＝□ cm　⑭ 400 cm ＝□ m　⑮ 7 m 98 cm ＝□ cm　⑯ 3 m 2 cm ＝□ cm

2.　ユカリのつくったもんだい

①　ふろおけに，おゆが200ℓ はいっ
ていました。あつくて　はいれない
ので，水を10ℓ いれてみました。ふ
ろおけのおゆは，みんなで　いくら
になったでしょうか?

②　1 cm や1 dℓ がどのくらいか，ものさ
しや，dℓ ますをつかわないで，見ただ
けでおよそどのくらいか言えるれんし
ゅうをしてみましょう。探険隊は，そ
こまでやらなくちゃ。

3.　ピカットのつくったもんだい

①　世界じゅうでつかえる単位が生ま
れるまでに，4つのだんかいがあり
ました。それを言って下さい。それ
と，コップの1と1ℓ の1は同じで
しょうか。それとも……

②　自分たちの身のまわりのものをかっ
てにさがしだして，4つのだんかいを
つかってものをはかってみてください。
めんどくさいときもあるけど，いろい
ろくふうするとおもしろくなります。

4. ミクロのつくったもんだい

① しょうゆがはいっているびんが2本あります。いっぽうは，4 dl，もういっぽうは，5 dl です。この2本のびんのしょうゆをたすと何 dl？

② オレンジジュースが5 dl のこっていました。それに，あたいがのこしたぶんの6 dl をいっしょにしてマクロにあげました。何 dl あげたのかしら？

5. マクロのつくったもんだい

① オレンジジュース11 dl ミクロからもらった。こんなすくないジュースなんかのんだ気がしない。けれど，そのうち8 dl のんだ。あとどれだけのこっているだろうか？

② レモンジュースが9 dl，グレープジュースが7 dl ある。どっちのジュースがどれだけおおいのだろう？ おいらにしてみれば，たいしたちがいなんかないような気がするけど……

6. オウムのタロウのかんそうともんだい

もんだいをつくるってとってもたのしいことなんだ。でも，そんなにかんたんにつくれないってこともかんじるはず。だからといって，すぐあきらめないように……。

つぎの式を使って，もんだいをつくってみよう。

8 dl ＋5 dl	4 cm ＋5 cm
9 dl －4 dl	8 cm ＋7 cm
12 dl ＋9 dl	25 cm －18 cm

おかねをかぞえる

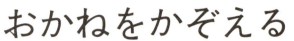

ユカリたちが，はかせの研究所をたず
ねて行くと，はかせはすぐにタイムテレ
ビのスイッチを入れた。画面に大むかし
の村々がうつしだされた。さてこんどは，
いったい何を探険するのだろう？　ユカリ，
サッカー，ピカットたちは，じっとタイ
ムテレビの画面を見つめている。

ものともののこうかん

はかせ 海べの村から来た女の人と，平野の村から来た女の人が，自分たちの村でとれた，魚とじゃがいもをこうかんしようとしているのじゃ。どうやら話がまとまって，いつものように魚1ぴきとじゃがいも2ことをこうかんした。

ユカリ おかねはないの？
はかせ そんなものはなかったのじゃ。自分のもっているものと，ほしいものとをちょくせつくらべてこうかんしていたのじゃ。じゃがいも4ことうさぎ1ぴきもうまくこうかんができたようじゃね。

オウム じゃあ，海べの村と山おくの村のこうかんは，どうする？
ピカット 魚とうさぎのこうかんは……あっ，タイムテレビにうつってる，魚2ひきとうさぎ1ぴきでいいのかな？
きみはどう考える？

にわとり 1 わに，えびは何びき?

はかせ さっきの魚とうさぎのこうかんじゃが，あれでうまくいったのじゃ。魚 1 ぴきとじゃがいも 2 こでこうかんをするようになると，それがもとになって，ほかのいろいろなこうかんがおこなわれたのじゃね。だから魚が 2 ひきだとじゃがいもは 4 こになる。うさぎ 1 ぴきとじゃがいも 4 こが同じなのじゃから魚 2 ひきとうさぎ 1 ぴきは，すんなりこうかんできるわけじゃ。さて，こんどはどうかな。

ピカット えび 1 ぴきとたけのこ 3 本のこうかんがうまくいったみたい。

ユカリ たけのこ 6 本とにわとり 1 わもうまくいったのね。

サッカー そうなると，にわとり 1 わとこうかんするには，えびが何びきいるのかな。

グーグー かんたんさ。えび 1 ぴきでたけのこ 3 本……

　さあ，きみは答えられるかな? よく考えてみよう。

ぶた1ぴきにこんぶ何本?

サッカー　むかしの人も頭がよかったんだね。

グーグー　なにもボクの顔を見ながら言わなくてもいいじゃないか。

ユカリ　こんどは，こんぶ2本とだいこん3本のこうかんよ。それにしても食べものばかりだわ。

ピカット　たのしそうだなあ。だいこん12本もっていけば，ぶた1ぴきとこうかんできるんだよ。

グーグー　こんどこそ答えてやるからな。紙に書いておけばかんたんさ。

オウム　海のそばにすんでいる人が，ぶたをほしがっているんだけど，みんなはわかるかい。

グーグー　ぶた1ぴきが，だいこん12本と同じって考えればいいのさ。それからだいこん3本ぶんがこんぶ2本ぶんにあたるんだから，もうわかるじゃないか。

ものとものの こうかんは, とってもふべん

ピカット　あれ, へんだよ。魚2ひきと うさぎ1ぴきなら, いつもこうかんして いたのに, いやがっているみたいだね。

ユカリ　どうしたのかしら?

オウム　耳をすまして, よく聞いてごら ん。山おくの村の人は,「魚はいらない。 とうもろこしとならこうかんしてもいい ね。」と言っているんだよ。

ピカット　そうだ。ほら, このあいだ, ユカリちゃんに, ぼくがえんぴつをたく さんもらったので, ユカリちゃんのもっ ている, こうすい入りのけしゴムとかえ

てと言ったら, ユカリちゃんが, えんぴ つはたくさんもっているからいいわって, あの時と同じことなんだ。

サッカー　じゃあ, まず平野の村へ行っ て魚ととうもろこしとをこうかんして, それから, そのとうもろこしをもって, もう一度山おくの村へ行けばいいんだよ。

グーグー　めんどくさいね。ボクだった ら, そんなことしないでねちゃうよ。

ユカリ　ピカット君, このあいだのえん ぴつはどうしたの?

ピカット　まだたくさんあるよ。

こうかんのなかだち

しお　　　　　　とうもろこし　　　　　　鉄の刀

稲　　　　　　　　貝　　　　　　　　　　牛

はかせ　上の絵を見てごらん。むかし，これらのものが，こうかんのなかだちをしたのじゃ。さて，みんなは，この絵を見てなにを感じたかな？

グーグー　ほんとうなの？これが，こうかんのなかだちをしたなんてボク，しんじられないな。

はかせ　山や川で生活をしていた人たちが，だんだんといろんな村落とつきあうようになった。そうなると，いろいろふべんなことがおきてきたのじゃ。ちょくせつこうかんすることができなくなった。

ユカリ　さっきのタイムテレビのようになってしまったのね。

はかせ　そうなんじゃ。川のそばの村落の人たちは，魚をどんなにたくさんもっていっても，なかなかこうかんできなかった。それは，山のそばの村落でも同じだったんじゃ。そこで，考えられたのがしおとか，とうもろこし，米，牛，鉄の刀などといった，毎日の生活にとてもひつようなもの，あるいは，なかなか手にいれることのできないめずらしいものがこうかんのなかだちとなったのじゃ。

いろいろな むかしのおかね

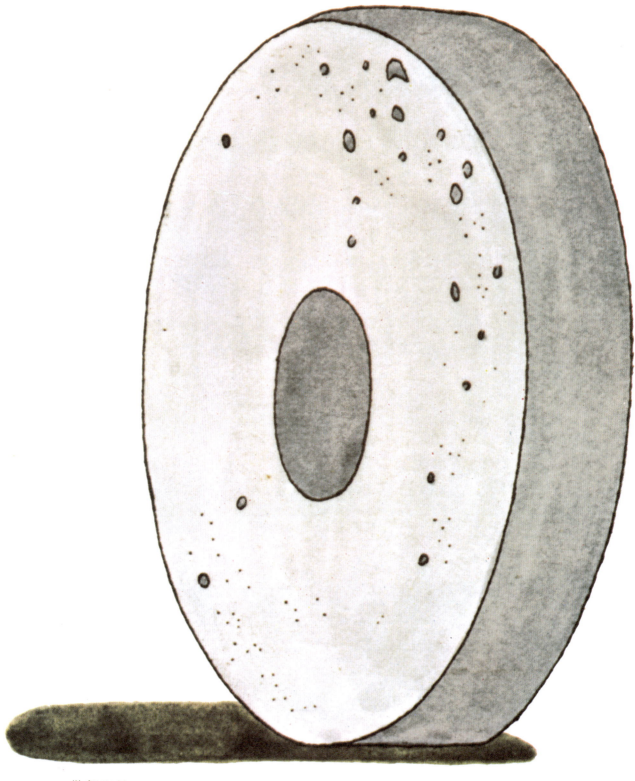

西太平洋のなかにあるヤップ島（西カロリン諸島のなかにある島）は，フェとよばれる石貨でゆうめいで，なかには直径5mのものもある。

はかせ　この地球に人間が住むようになってから，人間はいろんな所に集まって1つの集団をつくるようになったのじゃ。それは，ひとりで生きていけないという人間の本能なのじゃがね。

グーグー　きょうのはかせは，むずかしいことばかり話すんだね。ボクはねむくなっちゃうよ。これも人間の本能っていうのかな？

はかせ　ごめん，ごめん。ただ，いいかね，グーグー，おかねのことを考えていくと，とてもいろんなことがあるんじゃよ。おかねによって人間は良くも悪くもなるんじゃから……

ユカリ　わたしもグーグーと同じです。もっとわかりやすく話してください。

はかせ　そうじゃった，そうじゃった。人が集まって，1つの社会が生まれてくると，いままでのなかだちでは，どうにも不便になってきたのじゃ。

ピカット　牛なんかつれて，買いものに行くのなんてたいへんだもんね。

はかせ　そこで考えられたのが，それじしん，なんのかちもないけれど，こうかんして，はじめてねうちがでてくるなかだち，「おかね」がうまれてきたのじゃよ。ここの絵にあるように，いろんなおかねが，いろいろな所でつかわれたのじゃ。

しおのかたまりのおかね

貝のおかね（中国）

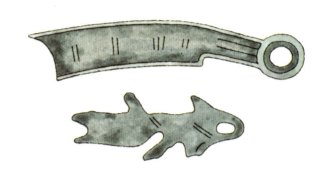

刀のおかね（上）
魚のおかね（下）

和同開珎

（日本ではじめてつくられたおかね）

円のはじまり

1 円玉→直径 20 mm

厚さ 1.5 mm

重さ 1.0 g

（1 万円ってどのくらいなのかな？
1 円玉を 10000 こつみあげると，
15 m の高さになるんだよ。）

ユカリ はかせ，今，日本で使われている「円」というお金の単位は，いつごろからできたのですか？

はかせ 140 年ほど前の明治 4 年からじゃよ。それまで，地方によっては，その場所だけしか通用しないおかねがつくられておったのじゃ。外国と貿易（品物を売ったり買ったりすること）もひんぱんにおこなわれるようになり，どうしても，国として，ひとつの単位がひつようになったのじゃね。金貨の形が丸いことから，「円」と名づけられたのじゃよ。

サッカー そうすると，それぞれの国々で使われているお金の単位は，いろいろあるんですね。dl とか m のように世界じゅうで使える単位はないんですか？

はかせ サッカー君，とてもいいしつもんじゃ。じゃが，それはとてもむずかしいしつもんでもあるんじゃよ。なぜかというと，おかねには，「ねうち」というむずかしい性質があるからなんじゃ。農業を中心にした国や工業を中心にした国などさまざまだし，それぞれの国でものの「ねうち」がちがっているからじゃよ。

10000 円	1000 円	100 円	10 円	1 円

<注>イラストの1万円札，千円札は古いお札を
もとに描かれています。

はかせ　上の絵を見てごらん。何か思い
ださないかね?

ユカリ　第1巻でやったタイルを思いだ
したわ。1円が10集まって10円，10円が
10集まると100円になっているでしょう。
タイルと同じだわ。

ピカット　10進法だ!

はかせ　よく気がついた，その通りじゃ。

世界のお金の単位

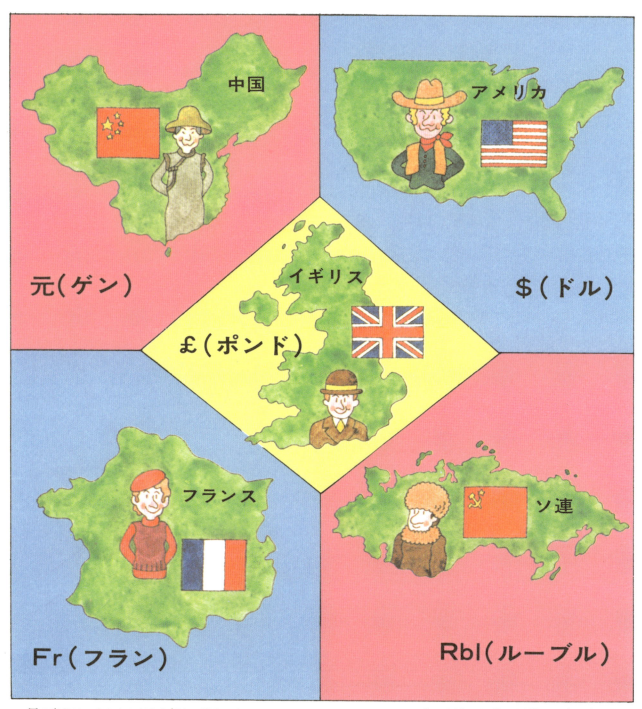

中国　元（ゲン）

アメリカ　$（ドル）

イギリス　£（ポンド）

フランス　Fr（フラン）

ソ連　Rbl（ルーブル）

国の広さは，まちまちだから気をつけること —はかせ—

<注>国名や国旗，通貨は現在のものと異なるものがあります。

さようなら，はかせ　また来ますからね

　いつのまにかあたりが暗くなっていた。みんなは，はかせからいままで知らなかったお金について，いろいろな話を聞いて，おどろいたり，かんしんしたり。これじゃあ，時間のたつのもわすれるはずだね。

はかせ　きょう話したことは，ほんの少しなんじゃよ。世の中のしくみがわかってくると，その中でしめるお金の役割がどんなものかもっとよくわかるはずじゃ。お金は，算数だけじゃない，社会や理科や，国語……というようにすべてのこと

にかかわってくるのじゃからな。

ユカリ　本当のことを言うとわたし，はじめは研究所へ来てもべつにたのしくなかったんです。でもはかせからいろんな話を聞いているうちに，ずっとここにいたくなっちゃったの。

はかせ　それはよかった。じゃがテレビにもあるじゃろう。おもしろいなあと思ったところで「つづく」という文字がでてくるのを。じゃからきょうはこれでおしまいなのじゃ。ハッハッハ……

重さをはかろう！

ユカリたちは，はかせの研究所で，重さの探険にちょうせんしていた。それというのも，みょうなことから，この探険が，はじまることになってしまったんだ。

ピカットが，はかせのへやのすみにあった大きなはかりを見つけだして，みんなでだれが重いか，重さくらべをやろうということになってしまったからだった。

まったく，にぎやかなものだった。なにしろ，みんなが，はかりにのって，ワイワイ，さわいでいるんだから。サッカーは，はかりの上で，力いっぱいふんば

るし，ピカットときたら，さかだちをして，少しでもサッカーより重いんだとがんばっている。はかせは，ニコニコしながら，みんなにもんだいをだしたんだ。

— 54 —

はかせの もんだいに ちょうせん!

はかせ　水そうに水を入れてはかりにのせ，そこに木の
いたを入れた。さて，前より重くなって針はすすむか?

サッカー　木は水にうかぶから，重さは，はかりにかか
らない。だから針は，すすまないと思います。

　さて，ほんとうかな?　きみは，どう思う?

はかせ　こんどは，さとうを入れてみよう。そうすると，
どうなるかなあ?

グーグー　さとうは，水にとけちゃうから，はかりの針
は，すすまないよ。水があまくなるだけだよ。

　ほんとかな? きみもそう思うかい?

はかせ　金魚を水そうの中で，およがせてみよう。どう
なるじゃろうか?

ピカット　金魚は，水の中をおよいでいるから，これは
うかんでいるのと同じでしょ，だから重さはかわらない。

　ピカットは，じしんをもって答えたけど，そうかな?

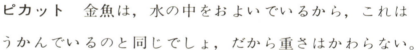

はかせ　あぶらを入れてみよう。よく考えるのじゃ。

ユカリ　たしか，あぶらは，水よりかるかったから，水
の上にうくわ。だからやっぱり，針はすすまないと思う
の。でも，なんだかはっきりわからないわ。もしかする
と，……

はかせ　氷を入れたよ。おおつめたい。針はどうなる?

ミクロ　氷は，水にうかぶでしょ。でも，だんだんとけ
て小さくなるわ。だからさ，氷がとけると水がふえるわ
けよね。針は，ゆっくりとすすんでゆくはずよ。

　きみの答えはどうかな?

はかせ　さあ，いまのもんだいに，いろいろ答えが出たようじゃが，だれの答えが正しかったか。……どうやら，ぜんぶの人がまちがいじゃった。これでは，とても重さを知っているとはいえないね。重さという量（りょう）も，長さやおかねと同じに，2つのものを合（あ）わせると，たし算になるのではないのかな? きみたち，もっと重さの探険（たんけん）をしてみるひつようがあるようじゃ。

ピカット　ぼくの答えもまちがっていたのかなあ。水の中でおよいでいる金魚（きんぎょ）の重さは，下のはかりにかかるんだろうか。

オウム　ピカット君，いつまでもくよくよしなさんな。ほら，マクロ君とミクロちゃんが，シーソーであそんでいるよ。きみたちも，あそばないか。

ユカリ　マクロ君とミクロちゃんでは，重さがつり合わないから，ぜんぜんおもしろくないわね。

オウム　じゃあ，どっちが重いの?

サッカー　もちろん，マクロ君さ。

オウム　ちょうどここに，シーソーの形をしたおもしろいはかりがあるよ。そのはかりをつかって，いろいろなものの重さをくらべてみようよ。

重さは 大きさとかんけいない

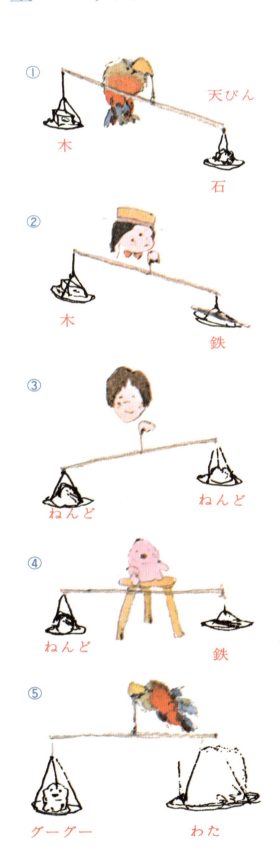

① 天びん
木
石

② 木
鉄

③ ねんど
ねんど

④ ねんど
鉄

⑤ グーグー
わた

オウム 左にあるのが，その天びんだ。いいかい，①を見てごらん。同じ大きさの木と石とでは，石のほうがずっと重たいね。

ユカリ ②は，木と鉄をくらべているのよ。小さくても，鉄の方が重たいわ。

ピカット なるほど，これは，重さをちょくせつくらべる，じっけんなんだ。

サッカー ③は，ねんどだよ。同じねんどだから，小さいほうがかるいのはあたりまえだね。

グーグー あ，大きいねんどと，さっきの鉄がつり合ったよ。ということはね，重さというものは，大きさとはかんけいないってことなんだよ，きっと。

オウム グーグー，よくわかったね。グーグーだって，もしわたとくらべたら，大きなわたとつりあうんだよ。ほらね。

グーグー タロウは，すぐボクをじっけんにつかうからいやだなあ。

形は かわっても 重さはかわらない

① 同じ大きさのねんど

② ウサギ（ねんど）

③ こまかくわける

④ オウム（ねんど）

⑤ こまかくわける

はかせ　同じ大きさのねんどを，2つあげよう。これを使って，天びんばかりで，いろいろじっけんしてごらん。

　3人はそこで，天びんばかりを使って，はかりくらべをはじめたんだ。まず，2つのねんどを，はかりの左右にのせてみた。同じ大きさのねんどだから，重さも同じだね。（①）こんどは，サッカー君が，左のねんどでウサギをこしらえてみた。（②）

サッカー　形はかわっても，重さはかわらないよ。

ユカリ　ウサギを，2このかたまりにしてみたら？　重さは，同じね。（③）

ピカット　かたほうのねんどで，オウムのタロウを作っちゃおう。それでも，重さはかわりないや。（④）

サッカー　りょうほうとも，こまかくわけてしまったら？（⑤）

ユカリ　それでも重さは同じよ。

はかせ　重さは，水や長さと同じに，いくらでもこまかくわけることができ，また，形がかわっても，もとの重さははじめと同じだということが，これでわかったじゃろう？

マクロをたすけてあげよう

もっとじっとしなきゃ
だめじゃないか!

はかせ マクロ君が，よわっているよ。ムク犬のクロとたいわんザルのゴンは，とてもなかが悪いのじゃよ。同じ天びんばかりにのるわけがないね。

サッカー こんなとき，どうやってはかればいいんだろう。1ぴきならのるんだろう?

ピカット ちょくせつくらべられないときは，なにかなかだちを使えばいい。

マクロ そうだった。じゃあ，ミクロちゃん，ここにのってくれない?

ミクロ いやよ，そんなこと。

でも，ミクロ，みんなにたのまれて，しかたなく，なかだちになっだんだ。ミクロは，ゴンよりはかるい。でも，クロよりは重い。それでは，ゴンとクロは，どっちが重い? よく考えてからつぎにすすもう。

ミクロ　　　　　ゴン

ミクロ

クロ

ゴンが重いにきまってるよね。
不等号をつかえば，こうさ。
　　ゴン＞ミクロ＞クロ
だから，ゴン＞クロ。

ユカリ　この花びんをなかだちにして，グーグーや，リンゴや，子ネコのピンキーちゃんをくらべてみましょうよ。

グーグー　ボクも，はかりにかけられちゃうの？　いやだなあ。

サッカー　そんなこと言わないで，探険，探険。

　ユカリたちは，花びんをなかだちに，グーグー，ピンキー，リンゴをはかって，左の表を作ったんだ。

ピカット　グーグーとリンゴはどっちが重いだろう？　ええと，花びんはグーグーよりかるく，リンゴよりも重いから，グーグーの方が重い。

ユカリ　そうよ。花びんはピンキーと同じ重さだから，ピンキーは，リンゴよりも重いけど，グーグーよりかるいわ。

サッカー　ちょくせつくらべられないと，いつもこうやってくらべるけどいやだな。

はかせ はじめは，ちょっとまごつくかもしれないが，あわてないでじっくり考えてみると，これほどかんたんなことはないのじゃよ，サッカー君。

ピカット はかせ，ぼくもはじめは，サッカー君のようにめんどくさいと思っていたんだけど，よく考えてみると，この考えかたは，とてもべんりで，おかげでピカッとくる回数（かいすう）が多くなりました。

はかせ ハッハッハッ，なまいきなことを言いおって。じゃがな，ピカット君のように，なにごとにもこわがらないで，自分のものにしていくことは，とても感（かん）心（しん）じゃ。そして「算数」というとびくびくする者がおるが，ほんとうのことを言うと，「算数」なんてものは，ごくあたりまえのことを，言っておるのじゃよ。

グーグー そうなのさ，あたりまえのことを言ってるからボクはすぐねむくなる。

ユカリ まあ，グーグーったらちょうしにのって。

サッカー でもぼくには，まだそんなこと言われてもわからないな。

はかせ 急（せ）いては事（こと）を仕損（しそん）ずる——と言ってな，これからゆっくり算数の探険（たんけん）をしていくうちに，算数がどんなに楽しいものかということがよくわかってくるはずじゃ。そのためにも，あまりこわがらないことじゃね。わかったかね。

1. 身（み）のまわりの品物（しなもの）を３つさがしだしてきました。お父さんのカバンは，ぼくのランドセルよりかるく，お母さんのハンドバッグは，お父さんのカバンよりかるかったのです。さて，これら３つの品物を重いじゅんにあげて，不等号のしるしを書いて下さい。（これはピカットが考えたもんだいです）

2. おへやのおそうじをしていたら，むかしのわたしの宝（たから）だったお人形がでてきました。てんびんではかったらつぎのようになりました。シンデレラは，キューピーより重く，リスのぬいぐるみは，キューピーよりもかるい。さて，わたしの宝ものを重いじゅんに書（か）いて下さい。（ユカリのもんだい）

グーグーをはかってみよう

ピカット　グーグーがいちばん重かったんだけど，グーグーはいったい，リンゴ何こぶんの重さなんだろうか?

ユカリ　はかってみましょうよ。

グーグー　もう，ボクねむたいよ。

いやがるグーグーをはかってみたら，リンゴ11こぶんだった。

ユカリ　ピンキーちゃんは，ちょうどリンゴ6こぶんよ。

サッカー　重さを，リンゴ何こぶんとしてはかることができるわけだね。ええとグーグーは，リンゴ11こぶん。そして，ピンキーは，リンゴ6こぶん。そうすると，さっき，ピンキーと花びんは同じ重さだったから，花びんもリンゴ6こぶん。

オウム　ほんとかな?　やってごらん。

サッカー　おかしいよ。花びんは，リンゴ6こぶんのはずなのに，このはかり，くるっちゃったよ！

オウム　はかりのせいにしているけど，そうじゃないよ。どうしてだかわかる？

ピカット　花びんとピンキーは，ぜったい同じ重さなんだから，おかしいなあ。

サッカー　そうだ！これは，リンゴがいけなかったんだよ。リンゴひとつひとつの重さが，ばらばらだったんだ。

ユカリ　ものをはかるときは，もとになるなかだちが同じじゃないとだめなのね。

ピカット　重さのそろったものか，……そうだ，コーヒー茶わんなんかどうだい。

　なかだちが同じ重さだと，どれが，どれだけ重いか，正しくくらべられるんだ。そこで3人は，下のような表をつくった。

kg (キログラム)

ユカリ　コーヒー茶わんで，いろんなものをはかってみたけど，コーヒー茶わんには，かわいらしいのや，ちょっと形がかわっているのというように，1つ1つの重さがちがうのね。それで，世界じゅうで使える重さの単位がひつようになったんだわ。はかせ，世界じゅうで使える単位には，どんなものがあるんですか?

ユカリのしつもんを聞いて，はかせは，にっこりとした。

はかせ　みんなは，もうりっぱな算数の探険家じゃね。たしかに，重さの単位がばらばらでは，ふべんでしかたがない。そこで，mをきめたフランスの学者たちが，重さの単位もきめることにしたのじゃ。「ジュースをはかろう」のところで，ℓの勉強をしたね。1ℓますが，どのくらいの大きさか，おぼえているじゃろう。よごれていないまみずの1ℓぶんの重さ，これを，1kgとすることにしようと，学者たちはきめたのじゃ。

サッカー　世界じゅうに通用する単位ですね?

はかせ　そう。じゃから，これから，kgの探険にうつろうかね。下の天びんばかりの，右がわが，1ℓぶんの水の重さじゃ。それにつりあっている鉄のおもりは，何kgかな?

サッカー　1kgです。

はかせ　そのとおり。こんどは，なにかものを持っただけで，どのくらいの重さかわかるように，くんれんするのじゃ。

水1ℓぶんの重さが1kgとは，知らなかったな。

はかりをつくる

はかせ　1 *kg* というと，さとうやみそが，1 *kg* まとめて，売られているね。ふくろに，1 *kg* と書いてあるから，こんど見てごらん。さて，下にうわざら自動ばかりがある。店やさんで，よく見かけるはかりじゃろう。ところが，このはかりには，まだ目もりがついていない。そこで，1 *kg* のおもりを1こ，2このせながら，すすんでいくはりの先に，目もりをつけてみよう。

うわざら自動ばかり

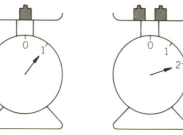 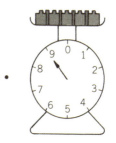

ユカリ　きれいに目もりが書けたわ。

サッカー　もうひとつで 10 *kg*。10 *kg* になると，はりはちょうど1まわりだ。

はかせ　では，いろいろなものをのせてはかってごらん。

ユカリたちは，うれしくなって，自分たちで目もりをつけたはかりを使って，いろいろなものをはかってみた。どう，きみも下のはかりをよんでごらん。そして自分たちではかってみよう。

やってみよう

何 *kg* かな？

マクロ君が持っているはかりを，さおばかりというんだよ。知ってるかな。

オウム　はかろうとするものを，おさらにのせて，右の分銅をつりあうところまで動かすんだ。5 kg の重さが，さおでは長さになってあらわれるんだよ。

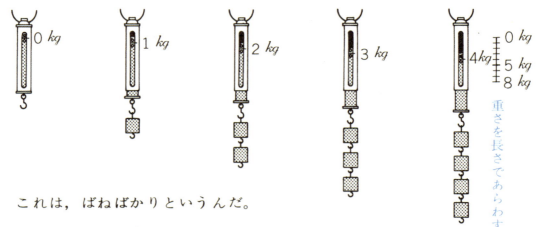

0 kg

1 kg

2 kg

3 kg

4 kg

0 kg
5 kg
8 kg

重さを長さであらわす

オウム　これは，ばねばかりというんだ。おもりをぶらさげると，中のばねがのびて，重さをさすのさ。やっぱり重さを長さとしてあらわしているんだね。

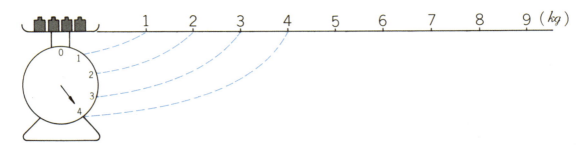

1　2　3　4　5　6　7　8　9 (kg)

ピカット　重さを長さにかえるってことは，とてもわかりやすくなるね。

オウム　そのとおり！重さは目に見えないから，長さにかえて目で見るんだよ。

重さのたし算・ひき算

オウム　わるいけど，ユカリちゃんにグーグー，そのは
かりにのってくれない？ それがすんだら，こんどはユカ
リちゃん，グーグーをだいてはかりにのって。

25 *kg*　　　　＋　　　　2 *kg*　　　　＝　　　　27 *kg*

オウム　1人ずつべつべつにはかった重
さをたしてごらん。どうなった？

ユカリ　あら，グーグーをだいてはかっ
た時と同じだわ。重さもたし算できるわ。

29 *kg*　　　　－　　　　28 *kg*　　　　＝　　　　1 *kg*

サッカー　たし算ができるなら，ひき算
もできるんだな。ミクロ，ちょっときて。

ミクロ　ひどいねえ，サッカー君は，あ
たいのことをほうりだすんだから。

かわいそうなロバ

なぜ，かわい
そうなのか，
わかるかな?

⟡

ぼうや，しっ
かりつかまっ
ているんだよ。

⟡

ロバや，つか
れたのかい?

ふたりものせ
たら，おまえ
もつらかろう。

⟡

これで，おま
えも，らくに
なったろう。

⟡

ロバは，とぼ
とぼ歩いてい
きました。

このおとうさんは気持ちはやさしいけど，重さのことがわからないんだね。

やってみよう

1. 太郎君と三郎君が体重ばかりにいっ
しょにのりました。はかりのはりは，
56 kg をさしました。太郎君がおりて三
郎君だけはかりにのこっていると，は
りは 31 kg をさしました。こんどは太郎
君とこうたいしようとしましたが，サ
ッカー君はもう太郎君の体重がどのく
らいかわかりました。さて君はどう?

2. ユカリちゃんはお母さんと買い物に
行きました。やおやさんで，たまねぎ
1 kg，じゃがいも 2 kg を買って，お肉
やさんで，牛肉を 1 kg 買いました。ユ
カリちゃんは，買いものから帰ると，
家にあった「はかり」で買ってきたも
のをはかってみました。ユカリちゃん
は全部で何 kg の買い物をしたのかな。

ミクロのいじわるもんだい

ミクロ タロウ君，あたい，今までずっとおとなしく聞いていたけど，ちょっともんだいをだしていいかしら？

オウム ああ，いいとも。

ミクロ 1 *kg* なんて，小さなあたいには，とても重たくて持てないの。そこでね，……

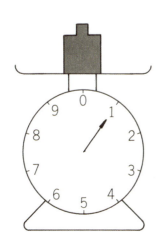

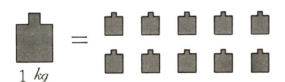

1 *kg*

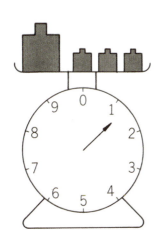

そう言うと，ミクロは，そこにあったはこから，1 *kg* のおもりよりも，ずっと小さいおもりをとり出したんだ。

ミクロ このおもりはね，1 *kg* をきちんと 10 にわけた重さのおもりなの。これを 3 こ，1 *kg* のほかにはかりにのせるわ。さあ，この重さは，何 *kg* かしら？

ユカリ わからないわ。目もりは，1 *kg* と 2 *kg* のあいだをさしているし……。

ピカット 13 *kg* じゃないし，なんと言えばいいのか，わからない。

ミクロ 教えてあげましょう。1.3 *kg*（いちてんさん）と言うのよ。小数（しょうすう）で答えるの。

サッカー ぼくの体重は，27.8 *kg* だけど，あれは，小数だったのか。

オウム 小数と分数（ぶんすう）は，第 3 巻で探険（たんけん）するんだから，ミクロちゃん，もうそれでいいよ。でも，ユカリちゃんたちも，第 3 巻の小数のところを，ちょっとのぞいてきてもいいよ。

1 kg は 1000 g

はかせ　ミクロちゃんが小数のもんだいをだしたのでみんなびっくりしたらしいね。小数については，第3巻で探険することにして，ここでは，いまのミクロちゃんのもんだいを，もうすこし考えてみよう。

　　1 kg＝1000 g　　　1円×1000

はかせ　1 kg は，じつは，上の天びんばかりを見てもわかるように，1000にわけると1 g になる。1 g が1000あつまって，1 kg になるわけじゃ。そうすると，いまの 1.3 kg という重さは，小数にしないで，1300 g と答えることができるのじゃ。

　　ピカット　1 kg を10にわけた1つは，100 g になるわけですね？

はかせ　そうじゃよ。さっき，ミクロちゃんが見せたおもりは，100 g のおもりだったのじゃ。そこで，1 g のおもりは，どのくらいの重さだと思うかな？　じつは，ちょうどアルミニウムの1円玉の重さが1 g なのじゃ。

　　ユカリ　1円玉？　1 g って，そんなにかるいんですか。気がつかなかったわ。

はかせ　そこでじゃ。こんどは，100 g ずつの目もりをつけたはかりをつくろう。かるいものをはかるとき，ずっとべんりなのじゃ。

　　 ⋯⋯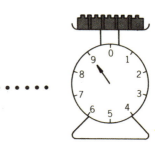

重さを長さであらわす

サッカー このはかりは，1まわり1 kg ですね。

はかせ そう。このはかりがなぜべんりかというと，日用品をはかるのに，手ごろなのじゃ。

ユカリ ママとおつかいに行くと，肉やおかしや，くだものも，100 g いくらで売っています。

はかせ よく気がついたね。では，1 kg を長さであらわしてみよう。

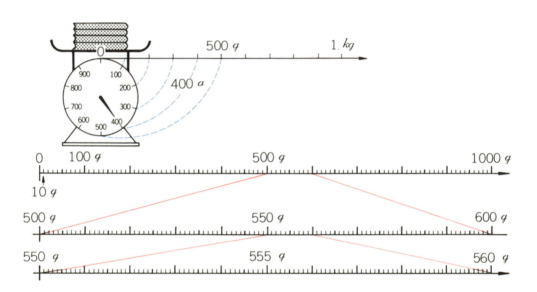

ミクロ 上の線を見てね。500 g から600 g までの間を，望遠鏡（ぼうえんきょう）で大きくして見たのが，まん中の線よ。そして550 g から560 g までの間を，もっとこまかくして見たのが，下の線なの。

ユカリ 小さくなったけしゴムだってはかれるわよ。

つぎの目もりが読めるかな？

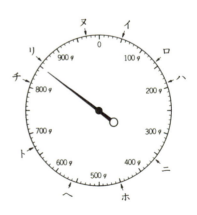

軽いものをはかってみよう

ミクロ この天びんばかりでいろいろなものをはかってみてちょうだい。1gのおもりのかわりに，1円玉を使ったら，どうかしら？

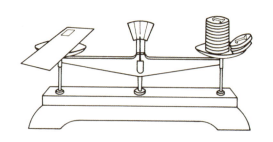
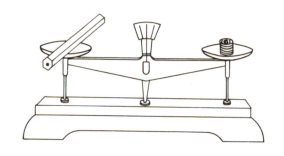

ユカリ ふうとうは，何gある？

サッカー 1円玉をかぞえてみれば，いいんだ。12g！

ユカリ えんぴつは何gかしら？

ピカット えんぴつは，5gだ。

ミクロ では，えんぴつ12本で何g？

ピカット 1本あたり5gだから，5gに12をかけて，60gになるよ。

ミクロ そのとおりよ。では，つぎのもんだいはどう？

やってみよう

1. 天びんばかりで手紙の重さをはかってみたら1円玉25ことつりあいました。そして，1円玉のかわりにまだ使っていないおなじえんぴつを5本のせたら，やっぱりつりあいました。
   ① 手紙は何gだったのかな。
   ② えんぴつ1本の重さは何gかな。

2. 自分の体を「はかり」にするれんしゅうをしよう。
   ①1円玉1この重さが1gとわかっているから，いろんな物を手で持ってみて重さをあててみよう。
   ②あてたら，それをはかりではかろう。どのくらい，ちがうかな？

はかせ　つぎの重さは何 *g* かな?

ピカット　あっ, はじめのもんだいと同じだ。もうすっかり, わかりましたよ。

ユカリ　金魚には, ちゃんと重さがあるんですものね。

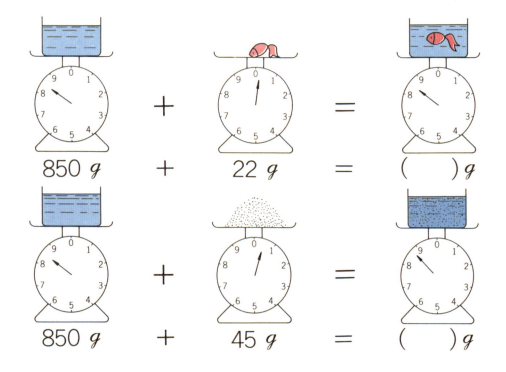

850 *g* ＋ 22 *g* ＝ (　　) *g*

850 *g* ＋ 45 *g* ＝ (　　) *g*

グーグー　850 *g* の水に 45 *g* のさとうを入れたら, 何 *g* になるか? もうボクだってわかるよ。たし算だから 895 *g* だよ。

ユカリ　えらいわ, グーグー, よくできたわねえ。

ピカット　下のひき算だって, もうかんたんだね。木の重さが 38 *g* だから, 850 *g* からひけばいいんだ。水の上に浮かんでたって, ちゃんと 850 *g* の重さの中にはいっているんだもの。

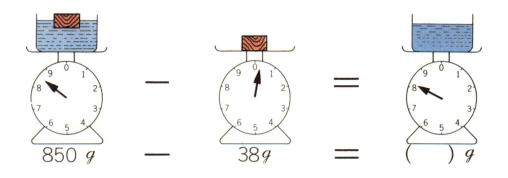

850 *g* － 38 *g* ＝ (　　) *g*

やってみよう

たし算，わり算，かけ算のけいさんが，にがて
な人は，もう1度，第1巻を探険してくるといい
よ。けいさんの式に単位がついているときは，よ
く注意してけいさんすることがたいせつだよ。

1. つぎのけいさんをしよう。

① 4792円＋2347円＝　② 56円×3＝　③ 7394円÷2＝　④ 8968円÷43＝

⑤ 2331円＋7669円＝　⑥ 81円÷9＝　⑦ 8932円×4＝　⑧ 5151円÷51＝

⑨ 7002円＋2998円＝　⑩ 25円×50＝　⑪ 2001円÷9＝　⑫ 7346円÷28＝

⑬ 9000円－4089円＝　⑭ 63円÷7＝　⑮ 1000円×3＝　⑯ 4235円÷35＝

⑰ 8072円－7203円＝　⑱ 99円×8＝　⑲ 3004円÷4＝　⑳ 8908円÷92＝

2. こんどは重さのけいさん。単位をよくみてけいさんしよう。

① 48 kg＋52 kg＝　② 28 kg＋73 kg＝　③ 50 kg＋85 kg＝　④ 28 kg＋98 kg＝

⑤ 83 kg＋45 kg＝　⑥ 73 kg＋27 kg＝　⑦ 25 kg＋38 kg＝　⑧ 46 kg＋38 kg＝

⑨ 5002 kg＋4997 kg＝　⑩ 4 kg×50＝　⑪ 2 kg＋3000 g＝　⑫ 4000 g＋52 kg＝

⑬ 2000 g＋1999 kg＝　⑭ 3 kg×25＝　⑮ 4 kg＋5000 g＝　⑯ 8000 g＋48 kg＝

⑰ 400 kg＋5000 g＝　⑱ 10 kg÷2＝　⑲ 8000 g＋2 kg＝　⑳ 25 kg＋5000 g＝

3. ① いつも学校に，どのくらいの重さ
のにもつをもって行くのか，しらべて
みよう。友だちのなかで，いちばん重
いにもつをもってくるのはだれかな。

② クラスで遠足に行くことになりました。
こうつう費が1200円，公園の入園料が，
150円だそうです。クラスは43人です。
いくらお金があつまるでしょう。

もんだいをいくどやっても，まちがえてしまう子はいないかな。まちがえたって，ちっともはずかしくなんかないのじゃよ。それより，わかっていないのにわかったふりをするほうが，よっぽどはずかしいのじゃ。さあ元気を出して，考えてみなさい。いつか，きっと，とける時がくるよ。

4. つぎの文を読んで，けいさんをしよう。1 *kg* は 1000 *g* だったね。

① 2 *kg* のねんどを，5人でわけて，動物をつくりました。ひとしくわけたとすると1人何 *g* のねんどで動物をつくったのでしょう。ある子供はカンガルーをつくり，べつの子供はゾウをつくりました。さいごにあとかたずけをして，ねんどを1つにまとめました。さて何 *kg* になったかな。

② ある子供たちが算数の探険隊をつくりました。全員あつまったところ，1人の子は，リュックサックにロープやかいちゅう電燈などを入れてやってきたので大笑いになりました。リュックの重さは，4 *kg* でこの子の体重は，28 *kg* です。さて，リュックをしょって体重計にのると，何 *kg* になるかな。

5. 下の表は，ある小学校の身体検査を表にしたものです。さて，もんだい。

小学生の身長・体重	とし	身長(*cm*)		体重(*kg*)	
		男	女	男	女
	6	115	114	20	20
	7	121	120	23	22
	8	126	125	25	25
	9	131	131	28	28
	10	136	137	31	32
	11	141	143	35	36

① 自分の身長，体重とくらべてみてください。どちらがどれだけちがうかな。

② 6歳の男の子と8歳の女の子がいっしょにはかりにのりました。はりは何 *kg* をさすでしょう。また2人の身長をたすと何 *cm* になるかな。

牧場で3人が考えたもんだい

ある晴れた日だった。3人は，気持の いい牧場の風にふかれながら，おたがい にもんだいを出しあっていた。ユカリ， ピカット，サッカーはスラスラといたけ れど，君たちは，どうかな？

1. 体重 23 kg の人が，22 kg の自てん車 にのると，ぜんたいの重さは，何 kg に なるでしょうか。また，自てん車のに だいに，15 kg のにもつをのせたらぜん たいの重さは，何 kg でしょう？

2. 春のけんこうしんだんのときに，体 重は 24 kg でしたが，秋になってはか ってみたら 26 kg になっていました。 体重は，何 kg ふえたのでしょう？

3. さとうが 70 kg ありました。ケーキ をつくるのでそのさとうをつかい，あ とで重さをはかってみたら，57 kg あり ました。何 kg つかったのでしょう？

4. まさよし君が体重ばかりにのって， じぶんの体重をはかると，25 kg ありま した。つぎにしゃがんではかってみま した。さて，はりは何 kg をさしたでし ょう？

5. たかし君は，きょう，いもほりに行 ってじゃがいもを 45 kg ほりました。 あきら君は，たかし君より 18 kg おお くほったそうです。何 kg ほったのか な？

6. 東京タワーは，333 m あります。フラ ンスのパリにあるエッフェル塔（アンテ ナをふくまない）は，東京タワーより， 33 m ひくいという。何 m かな？

7. つぎの長さの線をかいてください。はじめは，ものさしをつかわないで。

① 10 cm　　② 15 cm　　③ 20 cm 5 mm　　④ 30 mm　　⑤ 6 cm　　⑥ 95 mm

⑦ 20 cm　　⑧ 45 mm　　⑨ 50 cm 9 mm　　⑩ 1 cm　　⑪ 15 mm　　⑫ 8 mm

8. つぎの□の中に数字を入れてみよう。

① 1 cm = □ mm　　② 10 cm = □ mm　　③ 1 m = □ cm　　④ 1 km = □ m

⑤ 4 cm 5 mm = □ mm　　⑥ 3 m 5 cm = □ cm　　⑦ 1 m 50 cm = □ cm　⑧ 100 cm = □ m

9. つぎの文をよく読んで，答えてください。

① たか子さんの背の高さは，128 cm で，体重は，23 kg あります。お父さんの背の高さは，172 cm で，体重は 75 kg あります。さて，お父さんは，たか子さんより何 cm 高く，何 kg 重いのでしょうか?

② 東京から大阪まで，556 km あります。また，東京から名古屋までは，366 km あります。それでは，名古屋から大阪までは何 km あるでしょう。また，それは何 m にあたるでしょうか。

面積をはかろう！

探険隊が，はかせの研究所をたずねてきょうが4回め，みんなは，それぞれにはりきっていた。サッカーの思いつきで，研究所のうらにわから行ってみようということになった。なんとそこには，7と4の形をした数のプールがあった。びっ

くりしたみんなは，なにやら言いあらそいをはじめた。4と7は，数でいえば7のほうが大きいけど，このプールは，4のほうが大きいとピカットが言いだしたんだ。いったいこれは，どういうことなのだろう。

サッカー 7のプールのほうが大きいよ。

ユカリ それは，大きいって言うより，広いって言ったほうがいいわ。4のプールのほうが広いわよ。

グーグー どうやったらわかるのさ。がちゃがちゃうるさいったらありゃしない！おちついてねられないよ。

ピカット そんなにおこるんじゃないよ，グーグー。広さもきちんとはかることができるんだよ，きっと。たとえば学校のグラウンドよりも野球場_{やきゅうじょう}のほうが広いにきまっているし，……

そんなことを話しあいながら，研究所の入口までくると，はかせがドアをあけてくれた。いつものへやに行くと，はかせのつくえの上に，色とりどりの画用紙_{がようし}が……

ユカリ この切りぬきは，何ですか？

はかせ きょうは，面積のたんけんをしようと思ってな，さっきから作っていたのじゃよ。

サッカー 面積って，……？

はかせ 面積とは，広さのことじゃ。きょうは，広さのたんけんじゃ。

3人は，びっくりして顔を見あわせた。

ピカット はかせ，ぼくたちいま，ちょうどそのことを話していたんですよ。

どちらが広いか？

はかせ　面積も，水の量や，長さや，重さと同じように，ちょくせつくらべることからはじめよう。

ざぶとんとハンカチがあるが，どちらのほうの面積が大きいか，広さくらべをしてごらん。

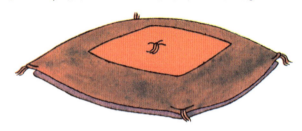

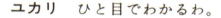

ユカリ　ひと目でわかるわ。

サッカー　うん。目で見ただけでわかるね。月と太陽みたいなもんだ。

はかせ　おや，サッカー君は，月と太陽の大きさをくらべてみたことがあるのかな。頭で知ってるだけではないのかな？こんどはどうじゃ。下の2つをくらべてごらん。

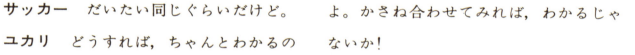

サッカー　だいたい同じぐらいだけど。

ユカリ　どうすれば，ちゃんとわかるのかしら？

ピカット　ピカッときたぞ。かんたんだよ。かさね合わせてみれば，わかるじゃないか！

そこでピカットは，ふろしきとつつみがみをかさねてみたんだ。

ピカット　ほら，広さのちがいがはっきりわかるよ。下のふろしきのほうが，面積が大きいんだ。さすが，ぼくのアイデアは，……

はかせ　では，つぎの4まいの切りぬきを，その面積の大きいじゅんにならべてごらん。

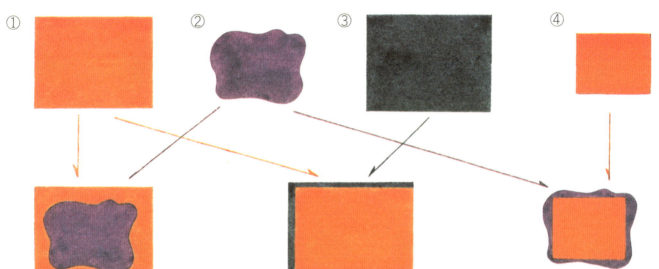

① ② ③ ④

 **ユカリ**　①と②は，すぐわかったけど，①と③は，重ねてみると，③の方(ほう)が，ほんのちょっと大きいわ。

ピカット　②と④はどう? ②の方(ほう)がすこし大きいや。

サッカー　とすると，①と④は，もうくらべてみなくても，①＞②，②＞④だから，①＞④ということがわかる。すると，答えは，③＞①＞②＞④だ。

はかせ　たいへんよくできたね。

右の面積⑦とつぎのページにある面積回をくらべてごらん。ならんでないから，ちょくせつくらべることはできないよ。

⑦

50

なかだちを考えよう

回

ユカリ こまったわ。前のページの ④ の面積と，ここにある 回 の面積は，どうしてくらべたらいいの?

サッカー この本を切りぬいて重ねればくらべられるじゃないか!

ユカリ 本を切りぬくですって! 本はたいせつよ。いけないわ。

ピカット そうだ! ピカッときたぞ! うす紙を使うんだよ。すきとおった半紙とか，トレーシングペーパーで，どっちかをうつしとって，もう一方とかさね合わせてみればいいんだ。

ユカリ そうね。名あんよ!

3人は，こうしてうまく面積の大きさをくらべることができたけど，きみはどう。④ と 回 では，どちらが大きい?

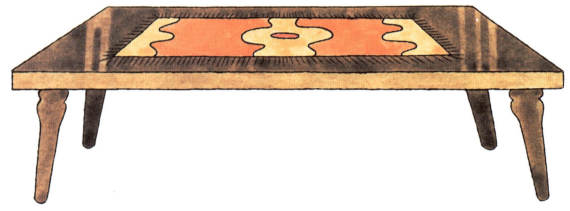

オウム よく，くらべられたね。では，このつくえの上のテーブルクロスの面積と，かべにはってあるふしぎな地図の面積とでは，どちらがどれだけ大きいか?

ユカリ　小さななかだちをつかって、いくつぶんあるかで、くらべたらいいんじゃないの。

サッカー　そうだね。ぼくは、ここにある本をつかって、この本が何さつぶんあるかで、広さをはかってみよう。

　そのとき、ちょうど、マクロに、ミクロ、それにグーグーが、顔を出したんだ。

ミクロ　あたいたちも、なかまに入れてちょうだい。

ユカリ　いっしょにやりましょう。けれど、みんな、自分たちで、なかだちをみつけてこなければ、面積くらべはできないわよ。

マクロ	大きな三角の切りぬき。ボクのなかだちは、これさ。	△	サッカー	ぼくは、この本をなかだちにするよ。何さつ分かな？	📙
ミクロ	あたいは、この小さいま四角のなかだちをつかうわ。	▫	ピカット	ハチのすみたいな、この形をつかってはかってみるんだ。	⬡
ユカリ	わたしは、色紙をつかいましょう。これも、ま四角よ。	◼	グーグー	ボクはね、このまあるいのではかってみるんだよ。	●

オウム　みんなが，はかったところ，つぎのような表に
なったんだ。

	なかだち	テーブルクロス	地　図		なかだち	テーブルクロス	地　図
マクロ		34	918	サッカー		18	486
ミクロ	▪	2560	69300	ピカット		38	1026
ユカリ		44	1188	グーグー		40	1080

オウム　ふしぎな地図のほうが，テーブルクロスより面
積が，大きいということはこれでわかった。でも，みん
なが，いったいどんなはかりかたをしたのか，テーブル
クロスをれいにして，しらべてみよう。

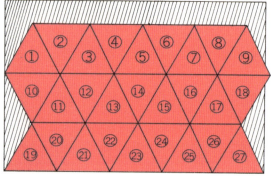

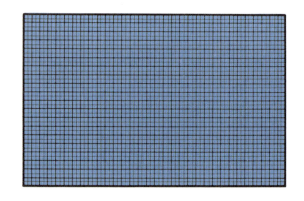

マクロ　9と18が，はみだ
しちゃったけど，すきまが
できたから34くらいかな。

ミクロ　どう？小さい四か
くだから，すきまなんかぜ
んぜんでなかったのよ。

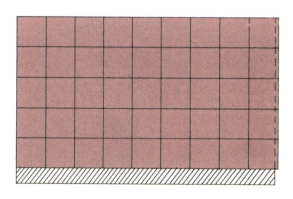

ユカリ　下の方にすきまが出ちゃった。そして右がわが，はみ出してしまったの。

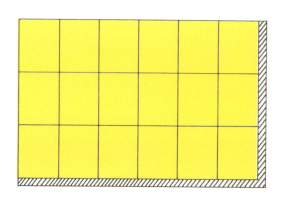

サッカー　本が18さつぶん。すこしぐらいのすきまは，しょうがないよ。

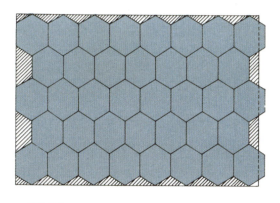

ピカット　うまくいくと思ったんだけど，やっぱりすきまができた。しっぱいだ。

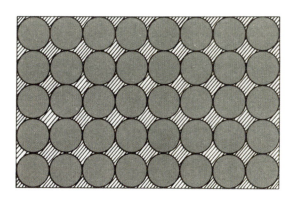

グーグー　すきまができちゃ，なぜいけないの？　うまくできたと思ったのに……

はかせ　みんな，ほんとうによくやったね。テーブルクロスとふしぎな地図とでは，面積がどのくらいちがうか，これで，だいたいのところはわかったようじゃ。そしてみんなはもう，すきまができたり，なかだちにつかった切りぬきや本が，はみだしたりしてはいけないということにも気がついたらしいね。そこで，いちばんうまくいったミクロちゃんのなかだちを考えてみよう。

cm^2（平方センチメートル）

はかせ　ミクロちゃんがなかだちにつかった, 小さいま四角は, たての長さが1 *cm*, よこの長さが1 *cm* ある。ミクロちゃんは, じつは, 世界のどこでも通用する面積の単位をつかっていたのじゃ。この単位を, 1 *cm²*（平方センチメートル）というんじゃよ。

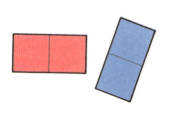

オウム　これは, 2 *cm²* だね。

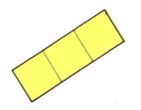

ユカリ　これは, どれも 3 *cm²* よ。

オウム　では, 下の面積は, 何 *cm²* だろう?

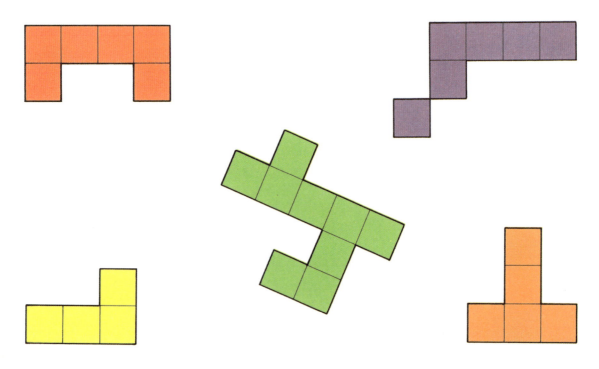

いけない！　グーグー

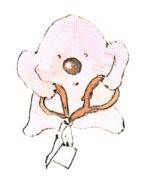

　グーグーったら，みんながもんだいをやっているまに，たいせつな 1 cm² のなかだちを，チョキンチョキンと切ってしまったんだ。大きなはさみをふりまわして。

ユカリ　たいへんよ！　ばらばらにしちゃったわ！

オウム　まあ，おちついて。もとどおりにしてごらん！

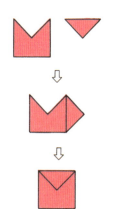    

ユカリ　ああ，やっともとどおりになったわ。でもグーグーは，ねむっていないときは，いたずらしてるのね！

グーグー　ユカリちゃん，ごめんよ。

　なきだしそうになったグーグーを，はかせはひざにのせて，やさしく言った。

はかせ　いいんだよ。グーグーは，みんなにとてもだいじなことを教えてくれたんだから。おぼえているじゃろう，長さや重さをいくらこまかくわけてももとの量は，かわっていないということを……

サッカー　うん，おぼえています。水だってそうだったと思うな。いままで探険（たんけん）したものは，みんなそうだったもん。

はかせ　よくおぼえていたね。じゃあ，これを見てごらん。

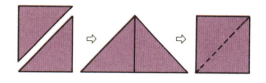

　面積も，いまのことがいえるのじゃ。いくら切っても，もとの面積そのものは，ちっともかわっておらんのじゃ。ただし切ったものをすててはだめじゃぞ。

cm² で遊ぼう

はかせ いたずらグーグーにならって 1cm² をいろいろな
形にかえてみよう。下のどの形もみんな 1cm² じゃ。

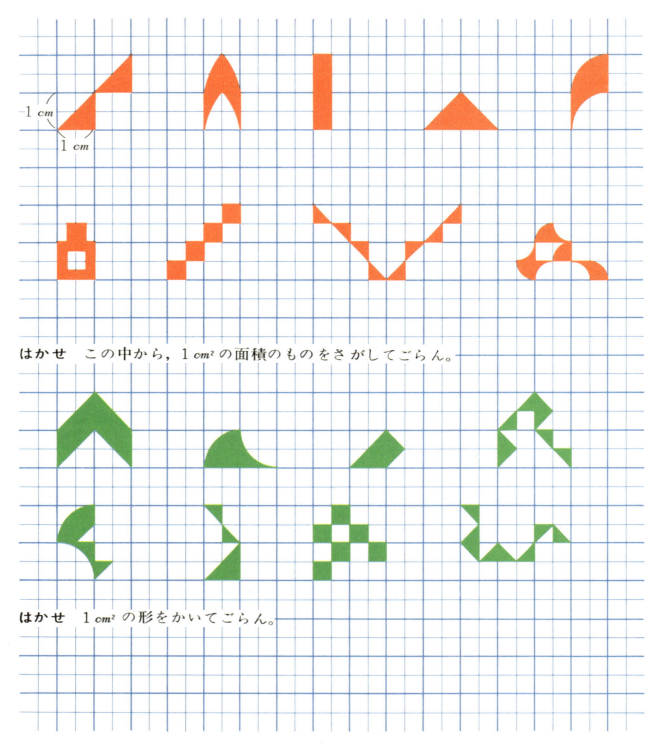

−1 cm

1 cm

はかせ この中から，1cm² の面積のものをさがしてごらん。

はかせ 1cm² の形をかいてごらん。

1. つぎのイとロの面積は，どちらがどれだけ広いかな。

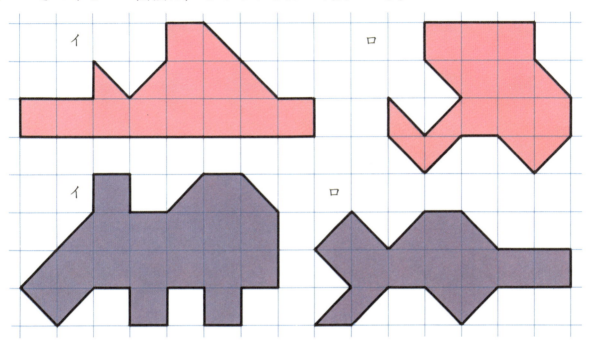

2. どれとどれがおなじ面積かな。

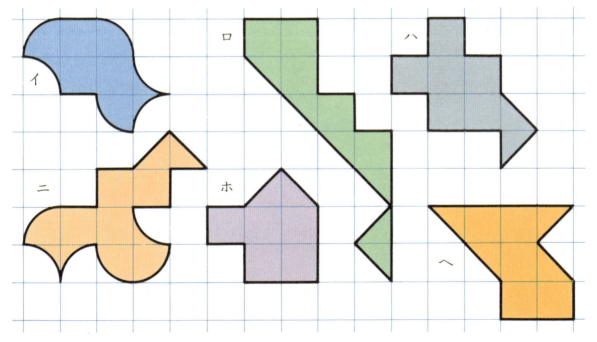

オウム　4 *cm*² を使って，ユカリちゃんたちは，こんなに
おもしろい形を考えたよ。

ゾウ（ピカット）

ロケット（サッカー）

犬（マクロ）

家（ミクロ）

はし（グーグー）

おひなさま（ユカリ）

オウム　さあ，4 *cm*² を使って，みんなもやってみよう。

はかせ　どう，おもしろい
じゃろう？　いままでの楽
しい探険でわかったことは，
どんなことじゃろう？

ユカリ　面積は，1 *cm*² の単位ではかれる

ということです。

ピカット　それから，形をどんなにかえ
ても，面積そのものはかわらないという
ことかな。

はかせ　よくわかって，えらいね。

面積のたし算

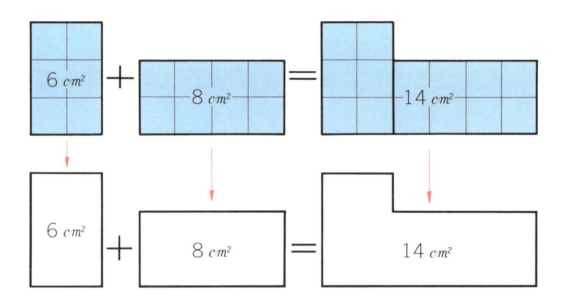

オウム　6 cm² と 8 cm² をあわせると，何cm² になるだろう？

$6 cm² + 8 cm² = 14 cm²$

ピカット　面積もたし算ができるから $6 cm² + 8 cm² = 14 cm²$です。

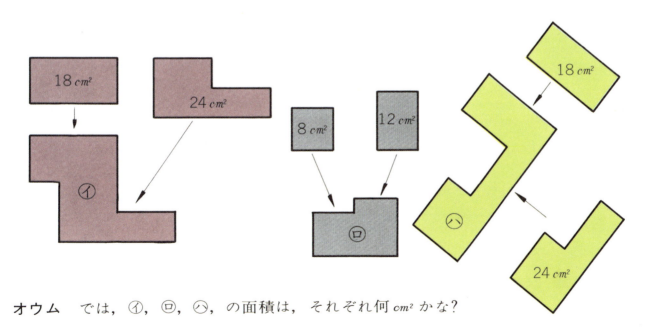

オウム　では，㋑，㋺，㋩，の面積は，それぞれ何cm² かな？

1. つぎのイとロの面積をたすと何 cm² になるのかな。

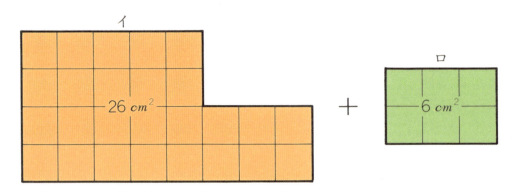

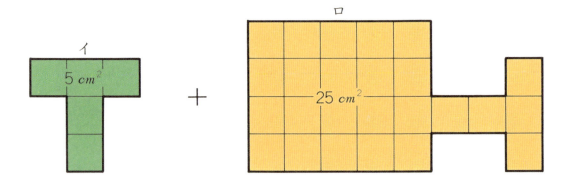

2. つぎの面積は、何 cm² かな。

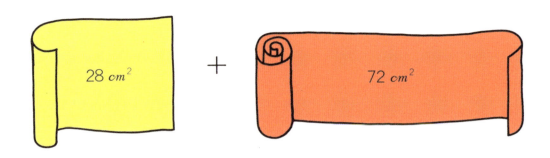

面積のひき算

はかせ　こんどは，ひき算じゃ。下の図を見てごらん。

$16\,cm^2 - 4\,cm^2 = 12\,cm^2$

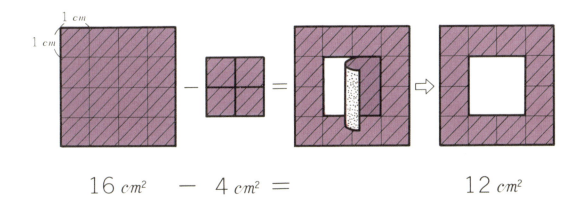

$16\,cm^2$　　$-$　　$4\,cm^2$　$=$　　　　　　$12\,cm^2$

はかせ　ちょっとむずかしいが，おもしろいもんだいじゃよ。

赤い部分の面積は，何 cm^2 になるかな？

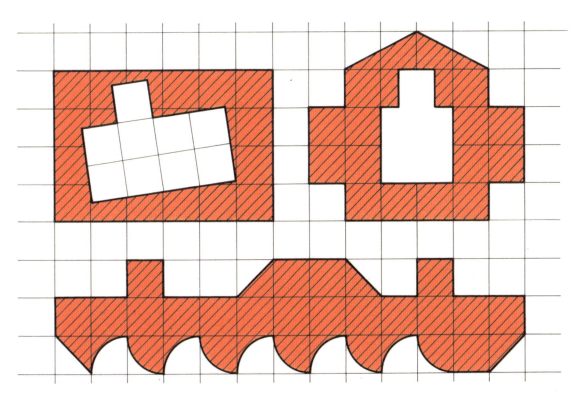

— 93 —

1. サッカーとピカットが、じんとりをしている。どちらが何 cm^2 かっているかな。

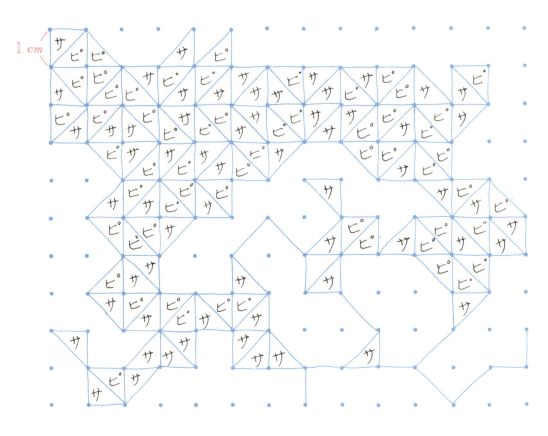

（注）　　が 2 つで 1 cm^2 だね。

2. つぎの面積は、何 cm^2 かな。

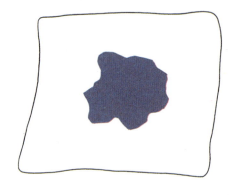

このハンカチは、400 cm^2 あります。いま、グーグーが 25 cm^2 のインクのしみをつけてしまいました。さてインクのついていないところは何 cm^2 かな。

面積はどうやってだすんだろう?

はかせ 広間（ひろま）にじゅうたんをしくんじゃが, 手つだってくれないか。

　力（ちから）しごとは, マクロがとくいだ。じゅうたんは, くるくるまいて1本の長い棒（ぼう）のようにしてしまってあるね。マクロは,「よいしょ」とかついで, 広間にやってきた。そして, くるくるっと, ころがすと, じゅうたんは, 広間いっぱいにひろがって, きれいにしきつめられたんだ。さて, かんのするどいきみは, はかせがなぜ, こんなことをマクロにさせたか, 見ぬいたはずだ。ピカットが何かつぶやいているよ。聞いてみようか——。

ピカット はてな? 1本の棒のようになっていたじゅうたんが, くるくるひろがって面積になったぞ。ということは, 長さが横にひろがって面積になったということかな?

ユカリ ふしぎね。1cm²の紙をしきつめて, いくつならんだかを数えれば, 面積（めんせき）がでるけれど, 広くなれば, 1cm²の紙がたくさんひつようになって, たいへんだわ。ピカット君の考えで, かんたんに面積が出せるかもしれないわね。

— 95 —

ピカット　じゅうたんのかわりに，もっと短いもので考えたら，わかるかもしれないよ。

サッカー　じゃあ，パステルでやってみたら，色がついて面積になるよ！

ユカリ　4 cm の青いパステルをよこに 5 cm 動かすと，この面積は，1 cm² が 20 あるから，20 cm² よ。

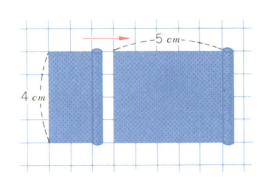

はかせ　たての長さが，よこにずっと動いてできたあとが面積なんじゃが，ユカリちゃんがだした 20 cm² は，けいさんでやるとしたら，どんな，けいさんかな？

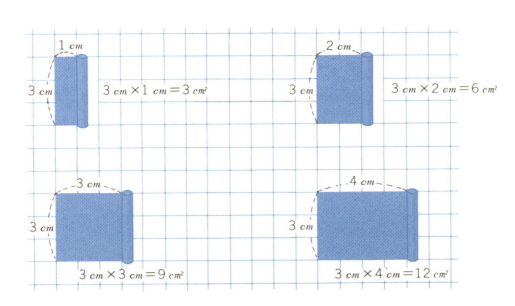

サッカー　ええと，3 cm のパステルを 1 cm 動かすと，面積は 3 cm²。2 cm 動かすと 6 cm²。3 cm 動くと 9 cm² になるよ。

ピカット　ピカッときたぞ，かけ算すれば，でるよ。ほら，3 cm × 2 cm ＝ 6 cm²。

はかせ　さすがじゃ。式をよく見てごらん。cm² という記号は，cm を 2 つかけ算してでてきたということがわかるじゃろう。

長方形の面積＝たての長さ×よこの長さ

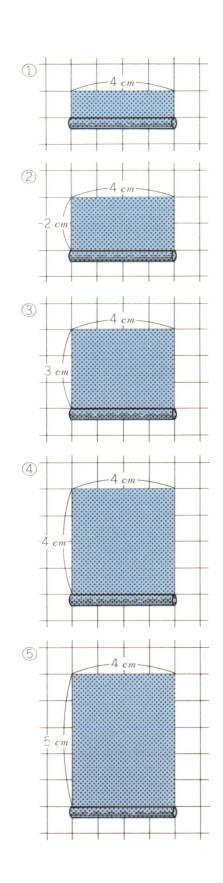

① 4 cm

② 4 cm
-2 cm

③ 4 cm
3 cm

④ 4 cm
-4 cm

⑤ 4 cm
5 cm

オウム　左の図を見てごらん。4 cm のパステルがころがったあとだよ。4 cm のパステルが，1 cm だけころがったら，その面積は?

ユカリ　4 cm ×1 cm ＝4 cm² よ。

サッカー　4 cm のパステルが，3 cm ころがったら，4 cm ×3 cm ＝12 cm² だ。

グーグー　ボクにもできるよ。4 cm のパステルが，4 cm ころがったら，4 cm ×4 cm で，16 cm²。でも，これはま四角の正方形で，長方形ではないよ。

オウム　正方形は，長方形のいっしゅなのさ。

ピカット　では，いままでのことを表にしてみようよ。

みんなは，つぎのような表を作ったんだ。

	よこの長さ	たての長さ	面　積	形
①	4 cm	1 cm	4 cm²	長方形
②	4 cm	2 cm	8 cm²	長方形
③	4 cm	3 cm	12 cm²	長方形
④	4 cm	4 cm	16 cm²	正方形
⑤	4 cm	5 cm	20 cm²	長方形

はかせ　たての長さ×よこの長さで，もとめたわけじゃね。ところで，この本をよこにして見てごらん。長方形のたてとよこが入れかわったじゃろう。しかし面積はかわらない……

はかせがおもしろいことを言いだした。

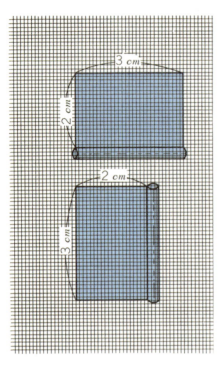

はかせ　そこで，いままでのことをせいりしてみよう。左の図は，同じ 6 cm² という面積（めんせき）をしめしたものじゃが，2 cm × 3 cm ＝ 6 cm² でも，3 cm × 2 cm ＝ 6 cm² でも，面積をもとめることができるね。このことを，せいりしてみよう。

たての長さ×よこの長さ＝面積
よこの長さ×たての長さ＝面積
↓　　　↓　　　↓
長さ　×　長さ　＝面積

サッカー　思い出したんだけど，長さ＋長さは，やはり長さだったね。

ピカット　うん。長さ−長さも，やっぱり，長さだった。

ユカリ　でも，かけざんになると，ちがってしまうのね。長さ×長さは，もう長さではなくなって，面積というちがった量（りょう）になってしまうんですもの。

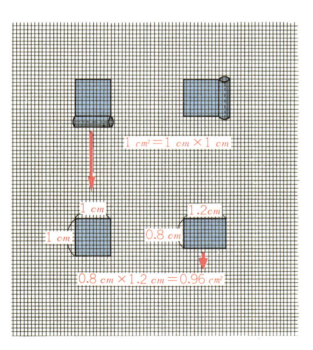

1 cm² ＝ 1 cm × 1 cm

1 cm

1 cm

1.2 cm

0.8 cm

0.8 cm × 1.2 cm ＝ 0.96 cm²

はかせ　ほんとによく，面積というものがわかったようじゃね。そこで，1 cm² について，もういちど，ふく習しておこう。左の図を見てごらん。1 cm² とは，1 cm のパステルが，1 cm だけころがった面積のことをいう。そこで，1 cm² をさらに 0.1 cm つまり 1 mm の方眼（ほうがん）にわけると，小数のかけざんで，こまかい面積まで計算できるのじゃよ。

1. つぎの面積は、何 cm^2 かな。

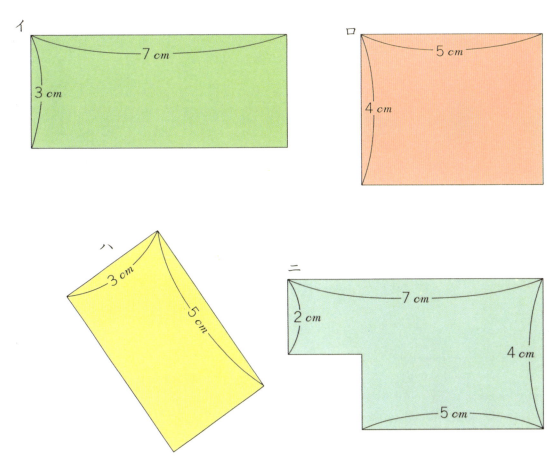

イ　7cm　3cm

ロ　5cm　4cm

ハ　3cm　5cm

ニ　7cm　2cm　4cm　5cm

2. つぎの面積をだしてみよう。

たての長さ	よこの長さ	面　　積	たての長さ	よこの長さ	面　　積
5 cm	7 cm		52 cm	8 cm	
8 cm	9 cm		4 cm	9 cm	
45 cm	3 cm		7 cm	3 cm	
10 cm	10 cm		90 cm	40 cm	

3. つぎの図の面積は、何 cm² かな。

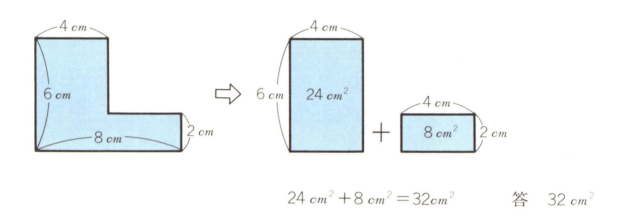

$24\,cm^2 + 8\,cm^2 = 32\,cm^2$　　　答　32 cm²

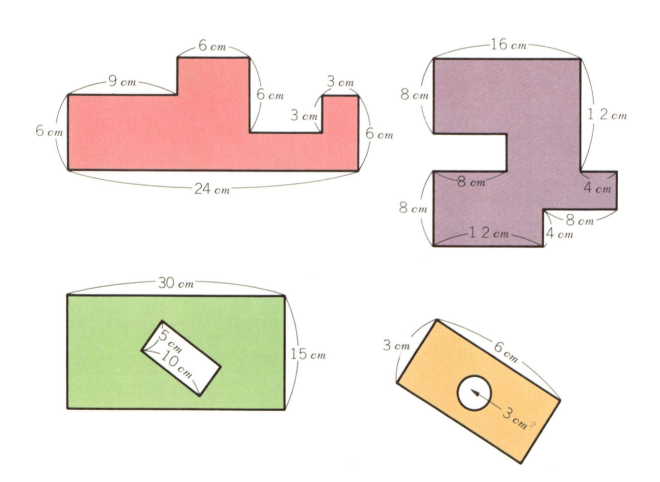

ブラックのいやがらせ

グハグハ……
勉強なんかやったって
ちっともやくにたつ
もんか！

4 cm

20 cm²

18 cm²

3 cm

ユカリ　たいへんよ！　ブラックが……

サッカー　面積のたてとよこを，かくしてしまったぞ！

グーグー　ブラック！　おまえは！

ブラック　じたばたするな！　はかせもはかせだ。先生ぶって，いい気になって，勉強が何のやくにたつ！

はかせ　勉強がやくにたつか，たたないか，ピカット君に聞いてみよう。ピカット君，たての長さがわからなくても，どうじゃね，面積とよこの長さがわかって

いるのじゃから，計算できないものじゃろうか?

ピカット　できますよ，はかせ。長さ×長さ＝面積だから，面積÷長さで，もう一方の長さはもとめられるはずです。

はかせ　えらいぞ，ピカット君。

それでブラックは，にげ出して行ったんだ。でも，ピカット君，$20 \text{ cm}^2 \div 4 \text{ cm} = 5 \text{ cm}$とやったのはいいが，$18 \text{ cm}^2 \div 3 \text{ cm} = 6 \text{ cm}^2$(平方センチメートル)とまちがえてしまったんだから，あわてんぼうだね。

1. 面積がわかっていて、辺の長さを求める問題だよ。

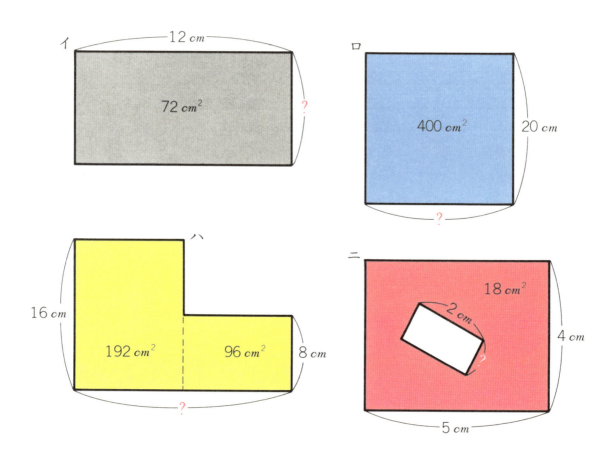

2. 表のあいているところをうめてみよう。

たての長さ	よこの長さ	面　　　積	たての長さ	よこの長さ	面　　　積
6 cm		48 cm²		8 cm	56 cm²
32 cm	4 cm		9 cm		45 cm²
	7 cm	49 cm²		7 cm	21 cm²
9 cm		99 cm²	156 cm		0 cm²

m^2（平方メートル），mm^2（平方ミリメートル）

1 m^2 は，1辺の長さが 1 m の正方形だよ。

はかせ さっきのじゅうたんの面積をはかるには，1 cm^2 の単位では，小さすぎるね。そこで一辺（三角や四角を作っている一つの直線）の長さが 1 m の正方形の面積をもとにするとぐあいがいい。それを 1 m^2（平方メートル）というのじゃ。

$$1\,m \times 1\,m = 1\,m^2$$

はかせ さあ，みんなでじゅうたんをはかってごらん。1 m^2 は，1 $m \times 1\,m$ じゃよ。

ユカリ たての長さ5 m に，よこの長さ 6 m。5 $m \times 6\,m$ だから，30 m^2 ね。

サッカー にわのプールの面積も，はかってみようよ。こんどはきっとわかるよ。

ピカット うん。もうかんたんだね。

　きみもプールの面積をはかってごらん。

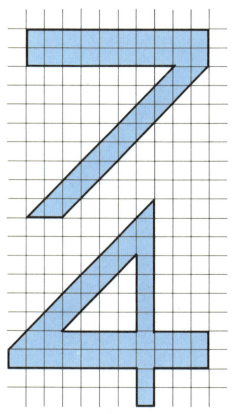

はかせ 4の形をしたプールの方が，大きかったようじゃね。ところで，1 m^2 は，何 cm^2 になるじゃろう?

ユカリ 1 m^2 は 1 $m \times 1\,m$ ですから，

$$100\,cm \times 100\,cm = 10000\,cm^2$$

サッカー すごい数だなあ。

はかせ こんどは，1 cm^2 より小さい単位を考えてみよう。左の図の1ますが 1 mm^2（平方ミリメートル）じゃ。

1 mm^2 ＝1 $mm \times 1\,mm$ じゃから，1 cm^2 は何 mm^2 になるか，わかるね。

1 cm^2 ＝10 $mm \times 10\,mm$ ＝100 mm^2 じゃ。

a（アール），ha（ヘクタール）

ユカリ ああ, いい気持! いい風ね。

ピカット はかせは, 運転もできるんだね。すごいなあ。

研究所を出て, ドライブに来たんだ。みんなは, あそびにきていると思っているらしいけど, そうではないらしい。

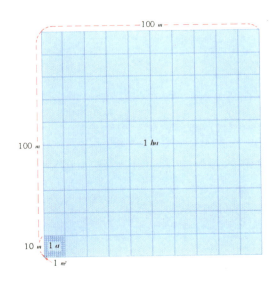

はかせ よろこんでばかりいないで, けしきをよくながめるのじゃ。田畑や, 山林などの広い面積をはかるためには, m^2 では小さすぎる。そこで, 1辺が10 m の正方形の面積を1 a ときめ, もっと広い面積には, 1辺が100 m の正方形の面積を1 ha ときめたのじゃ。左の図を見てごらん。1 a =100 m^2, 1 ha =100 a =10000 m^2, ということなのじゃ。

km^2（平方キロメートル）

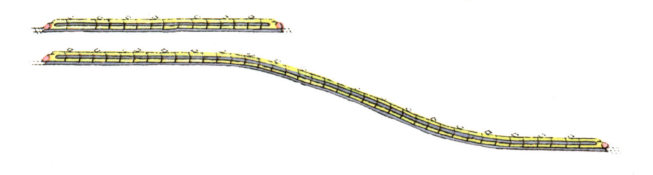

新幹線の1両の長さは25 m，げんざいは16両へんせいだから25 m×16＝400 m（上）

1 km は，40両がつながった長さだね。（下）

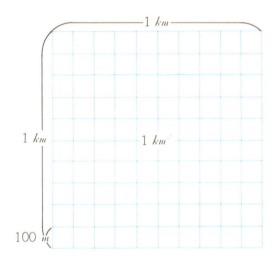

はかせ　では，町とか市とか，県とか，島やみずうみなどの，もっと広い面積をあらわすには，どうすればよいか。1 ha では，まだ小さすぎる。そこで，一辺の長さが1 km の正方形の面積を，1 km^2（平方キロメートル）として，これをもとにはかるのじゃ。1 km というと，新幹線の車両が40台つながった長さじゃよ。

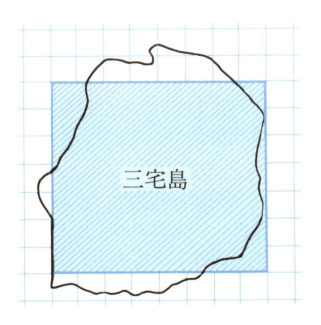

三宅島

オウム　日本地図でしらべてごらん。伊豆七島のひとつ三宅島の面積は，だいたい，8 km×7 km の長方形の面積と同じなんだ。何 km^2 になるかな？ それから，水のきれいな北海道の摩周湖の面積は，ちょうど，たて5 km，よこ4 km の長方形の面積と同じだよ。何 km^2 になる？

いままで探険した面積の単位を，
ぜんぶ表にまとめてみるよ。

km^2	·	ha	·	a	·	m^2	·	·	·	cm^2
										1
						1	0	0	0	0
				1	0	0	0	0	0	0
		1	0	0	0	0	0	0	0	0
1	0	0	0	0	0	0	0	0	0	0

オウム 表の見かたはかんたんさ。1 km^2 は，何 m^2 かなとしらべるとき， m^2 のところから 0 をかぞえればいいんだ。する と，1000000 m^2 だということがわかるね。では，1 km^2 は，何 ha か? また，1 km^2 は，何 a だろう?

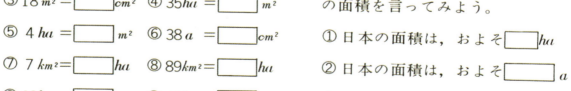

1. 面積の単位を言いかえてみよう。
   ① 8 m^2 = ☐ cm^2 ② 2 km^2 = ☐ a
   ③ 18 m^2 = ☐ cm^2 ④ 35 ha = ☐ m^2
   ⑤ 4 ha = ☐ m^2 ⑥ 38 a = ☐ cm^2
   ⑦ 7 km^2 = ☐ ha ⑧ 89 km^2 = ☐ ha
   ⑨ 23 ha = ☐ a ⑩ 42 ha = ☐ cm^2
   ⑪ 58 km^2 = ☐ a ⑫ 38 m^2 = ☐ cm^2
   ⑬ 23 a = ☐ m^2 ⑭ 89 km^2 = ☐ m^2

2. 日本の面積は，およそ 37万 km^2 です。さて，つぎのように単位をかえて日本の面積を言ってみよう。
   ① 日本の面積は，およそ ☐ ha
   ② 日本の面積は，およそ ☐ a
   ③ 日本の面積は，およそ ☐ m^2
   ④ 日本の面積は，およそ ☐ cm^2
   ⑤ 地図ちょうを見て調べてみよう。

ゆかいな面積の単位

ユカリ はかせ，面積の単位にも，何かおもしろい話がありますか？

はかせ それは，あるとも。そう，「モルゲン」というドイツの単位の話をしようかな。「モルゲン」とは，「モーニング」つまり，「朝」のことじゃ。「1 モルゲン」というと，牛1頭が午前中にたがやすことのできる畑の広さをあらわしたのじゃ。

ピカット 日本では昔，坪という単位を使っていましたね。

はかせ そう。1坪という面積は，ちょうど人間ひとりが1日食べるだけの米がとれる田の広さをあらわしていた。1坪を半分にすると，たたみ1枚の面積，3尺×6尺になるわけじゃね。そこで，日本の面積の単位は，つぎのように，米のとれ高によって，きちんとしていたのじゃよ。

　1 日分……………………………1 坪
　1 月（30 日）分…………1 畝＝30 坪
　1 年（12 月）分…1 反＝12 畝＝360 坪

きちんとこうなっていたのに，戦争に勝った太閤秀吉は，たくさんいる家来にほうびとして，土地をやらなくてはならなかった。けれど，土地の広さはきまっている。そこで考えて，1 反は12 畝だったのに，かってにかえて，10 畝にしてしまったのじゃ。それで家来は，たとえば10 反の土地をもらっても，120 畝ではない，ただの100 畝の土地をもらったというわけなのじゃ。

サッカー ふうん。秀吉って，ずるい人だったんだなあ。

— 107 —

たし算とかけ算が, まざった
けい算をやってみよう
$$5 \times 4 + 3 \times 2 = ?$$

ユカリ かけ算とわり算が まざった時に, 左からじゅんにやったでしょう。これもそれと同じにやればいいのよ。だから $(5 \times 4) + 3 \times 2$ だから $20 + 3 \times 2$, そこで, $20 + 3 = 23$, $23 \times 2 = 46$。かんたんよ。答えは, 46。

グーグー おかしいよ。きっとたし算をさきにやるんだよ。$5 \times (4 + 3) \times 2$ だから, $5 \times 7 \times 2$ になるんだよ。これをけいさんすると, $5 \times 7 = 35$ になるでしょ。$35 \times 2 = 70$。できたよ。これがあっているんだ。答えは 70 だよ。

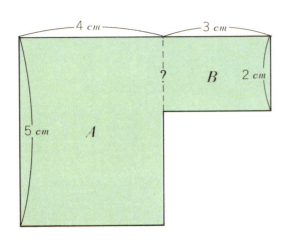

$$? = A + B$$

$$5 \times 4 + 3 \times 2$$

オウム 左の図を見てごらん。この図の面積(?)をだすときは, A の面積と B の面積をたせばでるね。そこで, 式をたててみると, $A = 5\,cm \times 4\,cm$, $B = 3\,cm \times 2\,cm$ だから, $? = 5\,cm \times 4\,cm + 3\,cm \times 2\,cm$ になるね。これは, どこかで見たことがないかい。

ユカリ $5 \times 4 + 3 \times 2$, ……

オウム 上のもんだいと同じだろう。これを計算すると, $? = 20\,cm^2 + 6\,cm^2 = 26\,cm^2$, 答えは, 26 だね。ユカリちゃんにグーグー, もうわかったでしょ, かけ算とたし算がまざっている式は, かけ算から先にやらなくてはいけないのさ。

オウム　12÷4＋10÷2 こんどは，どうだろう？　できる
かな？　かんたんな問題だろう。

ピカット　よし，ぼくがや
ろう。

　　　12÷4＋10÷2 は，
12÷4＋（10÷2）と考えて，12÷4＋5 に
なる。そこで，4＋5 は 9 だから，12÷9
＝1 あまり 3。できたぞ，答え，1 あまり
3 だ。

サッカー　ちがうよ，ピカ
ット君。きっと，わり算を
先にするんだよ。

（12÷4）＋（10÷2）と考えて，3＋5＝8，
答えは，8 だよ。

オウム　えらいぞ，サッカー君。そのと
おりだよ。左の図の？の長さをもとめる
計算だと考えることができる。？＝イの
辺＋ロの辺だね。そこで，イは，12cm²÷
4cm。ロは，10cm²÷2cm。式をせいりす
ると，12cm²÷4cm＋10cm²÷2cm だから，
3cm＋5cm＝8cm となるんだ。これで，た
し算・ひき算よりも，かけ算・わり算を
先にやらなくてはいけないということが，
はっきりとわかったろう。

はかせ　面積を探険したきみたちには，
このことがよくわかるはずじゃ。

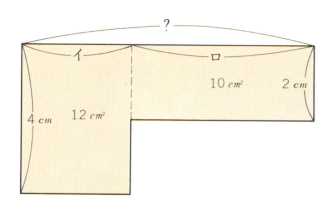

$$? ＝ イ ＋ ロ$$

$$12÷4＋10÷2$$

やってみよう

1.　あわてずにゆっくりやろう。
　　① 8×3＋4×9＝
　　② 25×6－21÷3＝
　　③ 52÷4＋23×11＝

2.　おとしあながあるから気をつけて。
　　① 910×2－41×2＝
　　② 7940×2310－610242÷3＝
　　③ 4800－100×20－5＝

体積をはかろう！　5回めの訪問

　すっかり探険隊になりきった3人組が，はかせに会うのを楽しみに研究所をたずねてみると，はかせはなにやら楽しそうに手をこまめに動かしていた。ゆかにはねんどがちらばっていた。　はかせは，びっくりしている探険隊に，バケツいっぱいのねんどを出してくれたんだ。3人は，目をぱちくり。算数探険が，ねんどあそびになって，がっかりするやら，うれしいやら……

みんなは，バケツから，おもいおもいにすきなだけ，ねんどをとった。すると，はかせが……

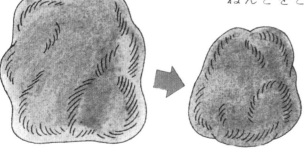

サッカー

ピカット

ユカリ　グーグー

はかせ　つくりはじめるまえに，ちょっと聞いておきたいことがある。グーグー，きみがとったねんどと，ピカット君がとったねんどとでは，どちらの方が，かさ（量）が大きいかな？

グーグー　ピカット君の方が，大きい。

はかせ　そうじゃ。このような，ねんどや，いろいろのもののかさのことを，体積というのじゃ。ピカット君のねんどの体積の方が，グーグーのねんどの体積よりも大きい。さて，だれのねんどが，いちばん体積が大きいか，じゅんに言ってごらん。

サッカー　ぼくのねんどが，いちばん体積が大きく，つぎはピカット君のねんど，ユカリちゃんのねんど，グーグーのねんどのじゅん番です。

はかせ　そうじゃ。では，すきなものをつくりなさい。何ができるじゃろう。

そこで，みんなはつくりはじめたんだ。

サッカー

ピカット　ユカリ

グーグー

はかせ　ほほう，できあがったね。サッカー君が，かいじゅう。ピカット君が，汽船。ユカリちゃんが，うさぎ。おや，グーグーは，何をつくったのかな？

グーグー　これ，バナナみたいだけど，てぶくろだよ。わらわないで。

形がかわると大きさはどうなる?

はかせ　はじめ，みんながとったひとかたまりのねんどが，こんなにいろいろと形がかわってしまった。そこで，つくるまえと，つくったあととでは，体積がかわってしまったじゃろうか?

ユカリ　重さなら，かわらないわ。

サッカー　うん，重さならかわらない。でも，体積はどうかなあ。はじめ，まるかったのに，こんなにでこぼこのかいじゅうにかわってしまったんだ。大きくなったような気がするなあ。

ピカット　ぼくも，大きくなったと思うな。きっと体積は，重さや面積とちがって，形によってふえたりへったりするんだよ。

はかせ　ほんとに，それでいいかな?

　そのときだ。

　「グハ，グハ，グハハー」とわらう声がして，ブラックがまどからおどりこんできたんだ!

グーグー　たいへんだ!　ブラックだ!

グハグハ

やめてしまえ勉強なんか

　グーグーがひっしになって，とびかかって行ったので，グーグーがにが手なブラックは，たまらなくなってにげ出して行った。そして，そのあとには，ぐしゃぐしゃにつぶされてしまった，みんなの作品_{さくひん}がちらばっていた。

グーグー　ああ，ぼくのてぶくろが！

ユカリ　ブラックって，ほんとにわるいやつね！　ウサギさんが，こんなに……

ピカット　ブラックにこわされてしまったので，ピカッときたことがあるんだ。

サッカー　どんなこと？

ピカット　ねんどを，もとのバケツにもどすんだ。もし，もとのようにバケツ1ぱいになったら，ねんどの体積は，形がかわっても，いくつにわけても，ふえも

へりもしないということじゃないか。

ユカリ　いい考えね。

　ピカットは，さっそく，つぶされてしまったねんどをバケツにもどした。

ピカット　ほら，ちょうどバケツ1ぱいになったよ。もとどおりだ。

ユカリ　やっぱり，体積も，いくつにわけても，形がかわっても，体積そのものはかわらないのね。

　ところが，グーグーが，言ったんだ。

グーグー　それは，もとにもどしたから，もとの体積になったんだよ。形がかわれば，体積もかわると思うよ。もとのねんどとてぶくろとでは，重さは同じでも，体積はてぶくろの方が大きいはずだよ。

サッカー　こまったなあ。

はかせ　グーグーが考えるように，ねんどの形がかわれば，体積もかわるかどうか，ひとつ，みんなにヒントをあげよう。ここに水をいっぱい入れた水そうがある。この中に，ねんどを入れてみる。水があふれたね。ねんどをとれば，ねんどの体積ぶんだけ，水がへっているじゃろう？　ヒントにはならないかな？

ピカット　そうか。水そうにねんどを入れると，その体積だけ，水がこぼれるんですね。では，へった水のところに目もりをうっておけば，体積の大きい小さいをくらべることができますね。

ユカリ　そうよ。じゃあ，グーグー，このねんどの体積はわかっているから，何かつくってごらんなさい。

グーグー　うん。すごく体積の大きくなる形を考えて，つくるからね。

　こう言ってグーグーは，そのねんどで，大きなどんぶりのようなものをつくったんだ。たしかに，ずっと大きく見える。

サッカー　それを水そうの中へ入れてみようよ。体積が，さっきよりふえているかどうか……

グーグーは，ねんどのどんぶりを水そうに入れ，そして出した。ところが，

ユカリ　目もりは，さっきと同じよ。体積はふえていなかったわ。

はかせ わかったね，グーグー。どんなに形がかわっても，体積そのものはかわらないのじゃ。こんどは，この鉄と，アルミニウムの体積をくらべてごらん。

サッカー アルミニウムって，おべんとうばこにつかわれていますね。

3人は，さっきと同じように，水そうの中にアルミニウムを入れ，そのへった水のところに目じるしをつけ，こんどは，鉄もそのようにしてくらべてみたんだ。

ユカリ 同じよ。この鉄とアルミの体積は，ちょうど同じよ。

はかせ 重さはどうじゃろう？

ピカット アルミは，270gで，鉄は，786gもあります。ということは，体積と重さとは，かんけいがないんだ。

はかせ そうじゃ。同じ体積でも，かるいものもあれば，重いものもある。そこで，もうひとつ，このじっけんでわかった，たいせつな体積のせいしつがある。それは，水そうに水をいっぱいに入れておく。その水の中に，ある体積がはいると，その体積ぶんだけ，水がおし出されてしまうということじゃ。

ピカット ひとつのいすに，ふたりがすわれないことと同じですか？

はかせ そのとおりじゃよ，ピカット君。体積の中に，体積ははいることができない。体積は，かならず，自分だけの場所を持っているのじゃよ。

ピカット はい，よくわかりました。

なかだちを 使ってくらべる

オウム　ブラックのやつが出てきたり，体積のせいしつの探険で，すっかりてまどってしまったけど，きみたちの作品の体積をくらべてごらん。

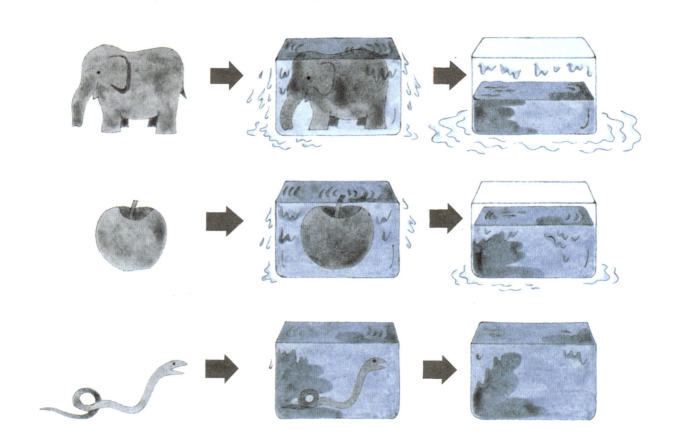

ユカリ　見くらべただけでは，とてもわからないわ。なかだちを使ってくらべてみればわかるのかしら?

サッカー　いまの水を入れた水そうにほうりこめば，くらべられるじゃない?

ユカリ　そうよ。水がどのくらいへるか，目もりをつけてくらべるのよ。

　そうしたら，水そうの水は，上の図のようになったんだ。どれがいちばん，体積が大きいだろう?

サッカー　水そうの水をなかだちにして，くらべたというわけだね。

オウム 水そうを使うのも，大いにけっこう。でも，もっとほかに，くらべる方法はないだろうか？

ピカット ちょっとやりづらいけど，小さなコップを使って，そこへねんどをおしこんで，コップに何ばいとれるかはかってみるのは，どうかなあ。

ユカリ せっかくの作品が，ぜんぶこわれてしまうじゃない。

サッカー でも，やってみようよ。作品は，またつくればいいじゃないか。

ユカリ そうね。こんなリンゴなんか，いつでもつくれるもの。

そこで3人は，コップにねんどをぎっしりつめ，上をたいらにして，コップの形をしたねんどが，いくつとれるかしらべてみたんだ。

ユカリ まあ，グーグーったら，いつのまにか，すやすやとねむっているわ。

さっき，「形がかわれば，体積もかわる。」と言いはったので，ふてねしてしまったんだ。

オウム では，つぎにすすむよ。

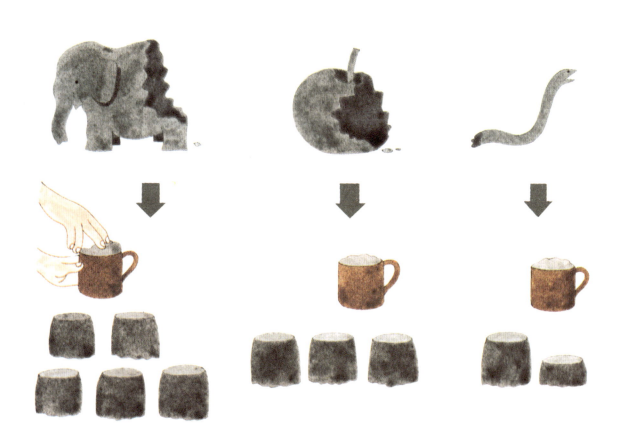

cm^3（立方センチメートル）

はかせ　そろそろ，世界に通用する単位をなかだちとして使うだんかいにきたようじゃね。

はかせ　1辺が1cmの6つの正方形でかこまれている形の立方体がここにある。この体積を1立方センチメートルといい，1cm³と書くのじゃ。1cm³の立方体をねんどでつくるには，うちがわの，どの辺の長さも1cmの立方体のいれものにつめるとできるのじゃよ。

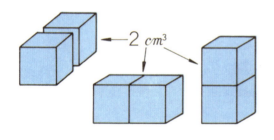

オウム　1cm³のねんどを2つおいて考えてみよう。この体積は，2cm³。どのような形にならべても，2cm³じゃね。みんなで，いろんなならべ方をくふうしてごらん。

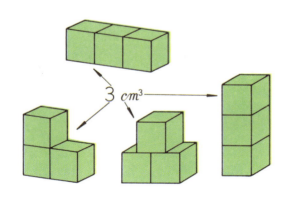

ユカリ　こんどは，1cm³のねんどを3つ。これで3cm³でしょ。ならべ方をくふうするといろんな形になっておもしろいわ。

グーグー　なんだか，つみ木あそびしてるみたい。このあそびで，ボクは，たいせつなことに気がついたんだけど，おしえないよ。

ねんどのかたまりの体積を 1 cm^3 のますではかりました。

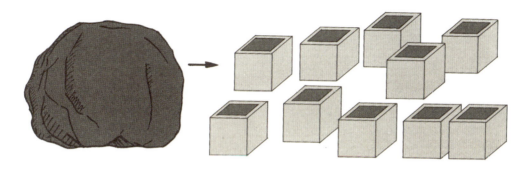

1 cm^3 の立方体が10 できたので、このねんどのかたまりの体積は、10 cm^3 です。

1 cm^3 のますをかしてあげるから、このねんどのかたまりの体積をはかってごらん。

ぼくらのつくったものも、はかってみようよ。

せっかくつくったのにまたこわしちゃうのね。

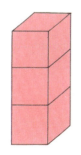
体積は、何 cm^3 かな？
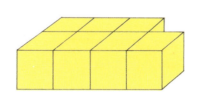
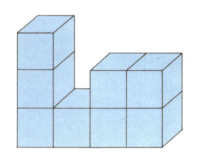

体積のたし算

グーグー さっきは，ごめんね。ボク，ねむいと，きげんがわるくなって，いじわるになるの。いまはねむくないから，さっきのことおしえてあげるね。体積もたし算ができるんだよ。

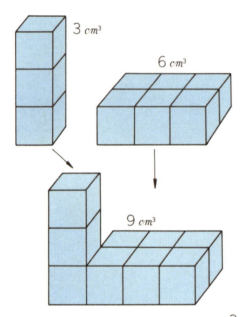

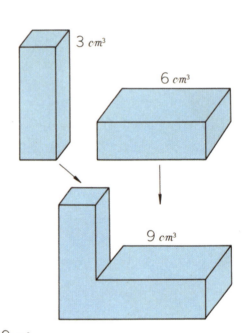

$$3\,cm^3 + 6\,cm^3 = 9\,cm^3$$

1. ① $4\,cm^3 + 31\,cm^3 =$　　② $5\,cm^3 + 13\,cm^3 =$
　　③ $54\,cm^3 + 48\,cm^3 =$　　④ $41\,cm^3 + 39\,cm^3 =$
　　⑤ $18\,cm^3 + 35\,cm^3 =$　　⑥ $91\,cm^3 + 9\,cm^3 =$
　　⑦ $40\,cm^3 + 30\,cm^3 =$　　⑧ $85\,cm^3 + 115\,cm^3 =$

2. はじめ $25\,cm^3$ のねんどでかいじゅうをつくったけれど，小さいので $48\,cm^3$ のねんどをたしてつくりなおしました。さて，かいじゅうは何 cm^3 になったかな。

体積のひき算

ユカリ　たし算ができるってことは，ひき算もできるってことなのよ。グーグーって，いつもねてばかりいると思ってたけど，ちゃんと気がつくところは気がつくんで，なおさらかわいくなっちゃった。

35cm³　　　－　　　8cm³　　　＝　　　27cm³

42cm³　　　－　　　6cm³　　　＝　　　36cm³

1. ① 8cm³－5cm³＝　　②15cm³－14cm³＝

　　③67cm³－48cm³＝　　④87cm³－18cm³＝

　　⑤33cm³－3cm³＝　　⑥43cm³－43cm³＝

　　⑦98cm³－79cm³＝　　⑧100cm³－48cm³＝

2.　83cm³の水がいっぱいに入っているうつわに 15cm³ のねんどを入れたら 15cm³ の水がこぼれました。
　何 cm³ の水が残っているでしょう。

グハ グハ グハッ ハハ

わかったとおもっても
ちっともわかっていないのだ！
このピラピラしたうすい紙や
ほそいほそい糸のようなはりがねに
体積があるのか はっきり言えるものなら
言ってみろ グハハハ…

グーグー　よし，答えてやるぞ。紙や，ほそい糸のようなはりがねに，体積なんかあるものか！

ユカリ　ま，まって！グーグー！

ブラック　グハ，グハ，グハハー。体積はないだと？

サッカー　いま，考えてるところなんだ。わらうな，ブラック。

ユカリ　わたし，体積はあると思うの。

サッカー　ぼくも，あると思う。

ピカット　よし。答えてやろう。ブラック！どんなうすい紙，どんなほそいはりがねにだって，体積はあるんだ！

ブラック　それなら，体積があるということを証明してみろ！

　そう言われて，3人は，すっかりこまってしまった。でも，ピカットは，ピカッときたらしいよ。

ピカット　わかったぞ！紙1まいだから，体積がないみたいだけど，紙を100まいにしてつみあげたら，ちゃんと，たてとよこのほかに，高さが出てくるじゃないか！

ブラック　それでは，ほそいはりがねはどうだ。

サッカー　ほそいはりがねだって，10cm ではみじかすぎるから，もっと長くして考えるんだ。10m のほそいはりがねを，まるくまいて，水そうの中に入れたら，その体積ぶんだけ，水はあふれ出るはずだ！

ユカリ　ああ，答えられてよかったわ。

　いかりくるっていたブラックもすごすごにげ出し，3人は，ほっとむねをなでおろした。

体積はどうやってだすんだろう？

はかせ　3人とも，えらかったね。ブラックも，しっぽをまいてにげて行った。体積は，たてとよこのほかに，高さがくわわっていることに気がついたんだから，ほんとうにかんしんじゃった。では，体積の式について考えてみよう。

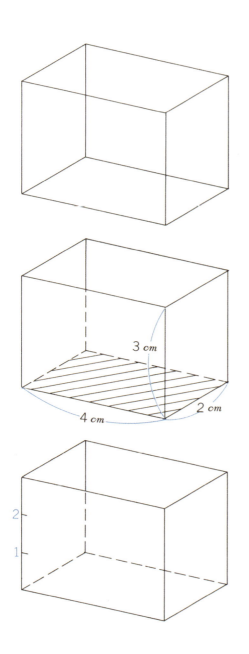

はかせ　ここに，ガラスでできた直方体の水そうがある。直方体とは，6つの長方形でかこまれているこの水そうのような形をいうのじゃ。さて，この水そうの底の面積と，高さをはかってもらおうかな？

ユカリ　底の面積は，4cm と 2cm ですから，たて×よこで，8cm² です。

サッカー　高さは，3cm です。

はかせ　水そうに，きちんと1cmずつの目もりを入れてもらおうかな。

ピカット　はい，できました。

はかせ　たいへんけっこうじゃ。では，タロウ，1cm³ のねんどの立方体を，たくさんもってきてくれないか。

　これからはかせは，いったい何をはじめるつもりなんだろう？ユカリ，ピカット，サッカーは，はかせのかおをじっと見つめた。

オウムのタロウが，1 cm³ のねんどの立方体を，たくさんもってきた。

はかせ　さあ，この 1 cm³ のねんどの立方体を，この水そうの中にならべるのじゃ。きちんと，ならべるのじゃよ。

　サッカーが，まず，ならべはじめた。

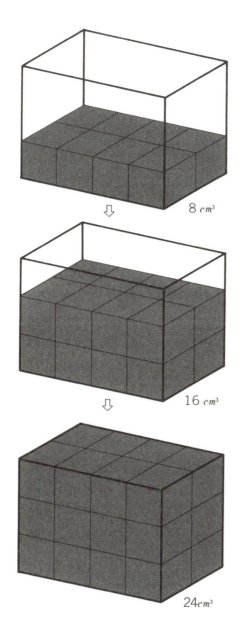

↓

8 cm³

16 cm³

24cm³

サッカー　ちょうど8こで，下のだんがいっぱいになりました。

はかせ　それで，何 cm³ じゃ？

サッカー　8こですから，8 cm³ です。

はかせ　高さは，どうかな？

サッカー　1 cm です。

　つぎは，ユカリのばんだ。

ユカリ　2ばんめのだんも，8こでいっぱいになりました。

はかせ　ぜんぶで，何 cm³ になったかな？

ユカリ　2だんですから，8こ×2で，16こ。ぜんぶで16 cm³ です。

はかせ　高さは？

ユカリ　2 cm です。

　こんどは，ピカットだ。

ピカット　水そうは，いっぱいになりました。1 cm³ のねんどが，ぜんぶで24こですから，体積は 24 cm³ です。

はかせ　高さは？

ピカット　3 cm です。

はかせ　そこでどうじゃ？体積は，どうやったらでるのか，わかったじゃろう。

体積は，底面積×高さじゃないかな？

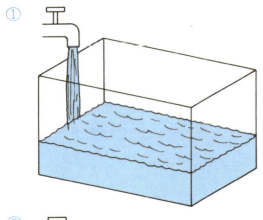

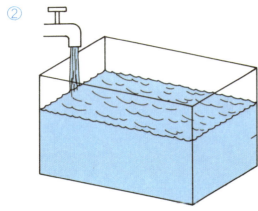

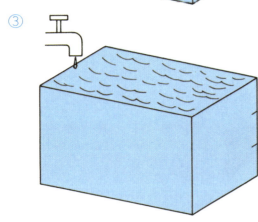

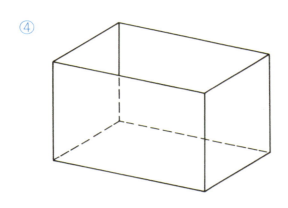

サッカー はかせ，どういうことでしょうか？ 1 だんめの 8 cm³ のときに，底の面積は，8 cm²。その 8 cm² に 1 cm をかけると，8 cm³ になるのですか？

はかせ では，もっとよくわかるために，こんどは水を入れてみよう。そして，表を作ってみよう。

サッカー 水が，高さ 1 cm のところまできました。(①)

はかせ そのときの体積は？

サッカー 8 cm³ です。

はかせ 底面積は，8 cm²。高さは，1 cm。体積は，8 cm³ というわけじゃね。

サッカー はい，そうです。

ユカリ 水が，高さ 2 cm のところまできました。体積は，16 cm³ です。(②)

ピカット 水が，高さ 3 cm のところまできて，いっぱいになりました。底面積は，8 cm²。高さが，3 cm で，体積が，24 cm³ です。(③)

はかせ では，水をからにすると？

ユカリ ええと，高さが 0 cm になって，体積も，0 cm³ です。(④)

	底面積	高　さ	体　積
①	8 cm^2	1 cm	8 cm^3
②	8 cm^2	2 cm	16 cm^3
③	8 cm^2	3 cm	24 cm^3
④	8 cm^2	0 cm	0 cm^3

そこで，3人は，いままでのじっけんを，表に作ってみた。すると，右のようになったんだ。これなら，底面積と高さと，体積のかんけいが，はっきりとわかるね。きみも自分で表をつくってごらん。

ピカット　うん，たしかにはかせの言ったとおり，体積は，底の面積と，高さとのかけざんになっている。

ユカリ　③の場合は，8×3＝24，④の場合は，8×0＝0ね。

サッカー　面積のときは，長さ×長さだったね。こんどは，面積×高さになるんだよ。

ユカリ　面積＋面積は，面積だけど，面積に高さをかけると，面積とはちがった体積という量にかわるのね。

ピカット　体積に変身^{へんしん}するんだよ。

はかせ　そうなのじゃ。上の表でわかるように，体積の式は，底面積×高さであらわされるのじゃ。それを 1 cm^3 で考えてみると，底面積が，1 cm × 1 cm ＝ 1 cm^2。その 1 cm^2 に高さの 1 cm をかけて，1 cm^3 という体積にかわったわけじゃね。cm^3（立方センチメートル）という記号のいみも，もうわかったじゃろう。cm^2 に高さの cm をかけた，つまり，たて，よこ，高さという3つの cm をかけたもの，それが体積だということなのじゃよ。体積は，底面積×高さとだけおぼえるのではなく，ちゃんとこうやってみれば，そのいみがよくわかるじゃろう。もうけっしてわすれんよ。ハッハッハッハッ，……

体積をけいさんしよう

オウム 円でも，三角でも，どんな形でも平らな形が，たてに動いたとすると，はしらの形になるね。このような形を，柱というんだ。

 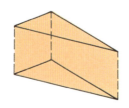  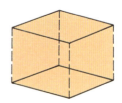

オウム 柱の体積も，底面積×高さ で求めることができるか，そのじっけんをしてみよう。

底面積が 8 cm²，高さが 5 cm の柱を，水を入れたビーカーの中に入れた。そこで，あふれた水を，はかってみたら 40 cm³ あった。

サッカー やっぱり，8 cm²×5 cm＝40 cm³ で，柱の体積も 底面積×高さ になっているね。

下の柱の体積をだしてごらん。

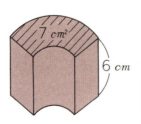 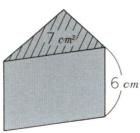 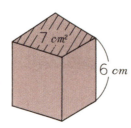 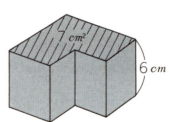

1. つぎの柱の体積をもとめてみよう。

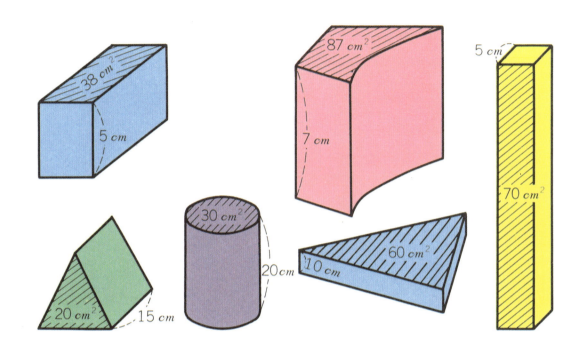

2. こんどは、表になっています。あいているところをうめてみよう。

底面積	高　さ	体　積	底面積	高　さ	体　積
87 cm²	9 cm			9 cm	99 cm³
32 cm²	22 cm		45 cm²		225 cm³
	7 cm	63 cm³	4 cm²	7 cm	
56 cm²		56 cm³	1 cm²	38 cm	
100 cm²	2 cm		3 cm²	1 cm	

体積＝底面積×高さ だから　高さ＝体積÷底面積　底面積＝?　もうわかるね。

1. つぎの水そうにはいっている水の体積はどのくらいかな。

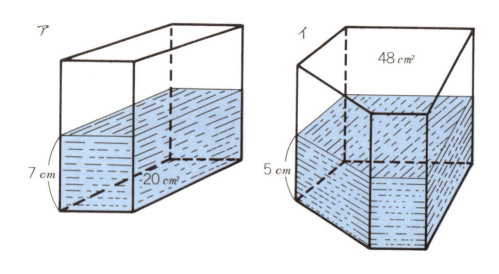

ア
7 cm
20 cm²

イ
48 cm²
5 cm

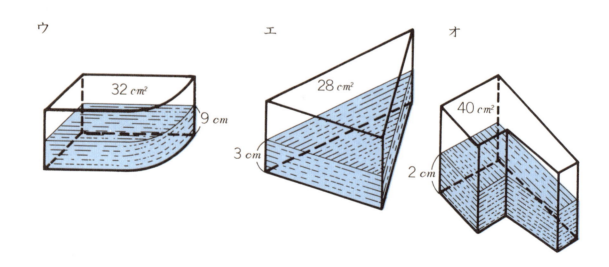

ウ
32 cm²
9 cm

エ
28 cm²
3 cm

オ
40 cm²
2 cm

2.

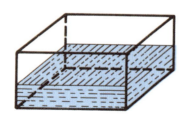

底面積40 cm²,

はいっている水の体積120 cm³,

水の高さは何 cm かな?

体積と容積

はかせ　牛乳びんには，200 cm³ の牛乳を入れることができる。ところが，いま，牛乳びんはからっぽになったのに，「この牛乳びんの体積は，200 cm³ である」といったら，どうじゃ，おかしくはないかな？

ユカリ　ええ，おかしいです。200 cm³ というのは，そこにはいる牛乳の体積で，牛乳びんの体積ではありません。牛乳びんは，200 cm³ の体積のものを入れることができるだけです。

はかせ　そのとおり。入れものに，どれくらいの体積のものを入れることができるかということを，入れものの容積という。「牛乳びんの容積は，200 cm³」といえばいいのじゃ。

やってみよう

1. 「容積」と「体積」のちがいをことばで言ってみよう。

2. 身のまわりにある品物（花びん，そのた）の容積をはかってみよう。

3. グーグーが，「容積」の復習をしているけれど，正しいかな？
   ① 花びんの容積は，230 cm³ ありました。
   ② 容積 350 cm³ の花びんに水を入れると水の容積は 350 cm³ あるという。

体積の単位

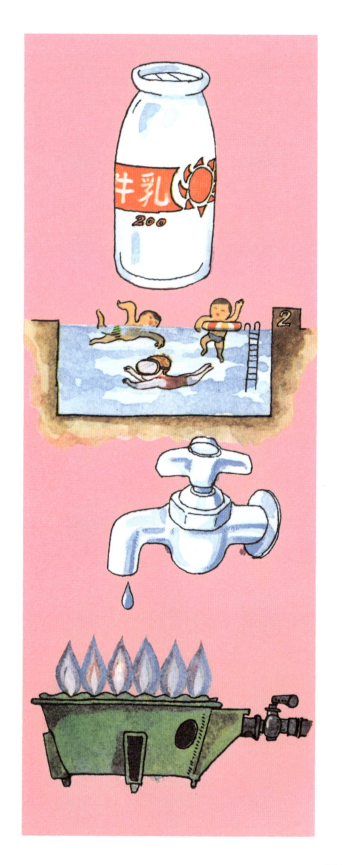

サッカー　はかせ，牛乳び んを見て知ってるんですが， 200 cm³ ではなく，200 cc と 書いてありますね?

はかせ　よく気がついたね。cm³ のことを， cc（シーシー）ということもあるのじゃ。また，mℓ（ミリリットル） と書くこともある。牛乳びんの容積は 200 mℓ，200 cc，200 cm³ と，どの単位を使っ ても同じことじゃ。では，体積の単位の 話をしようかな。プールの水や，毎月， 家庭で使う水の量や，ガスの量などの体 積をはかるのに，cm³ では小さすぎる。そ こで，1辺の長さが1mの立方体をもと にすればいいね。これを，1 m³ (立方メ ートル)というのじゃ。

ユカリ　ガスも，体積では かるのですか?

はかせ　家に帰ったら，ガ スや水道を，毎月どのくらい使っている か，おかあさんに，聞いてごらん。そこ で，1 m³ は，何 cm³ じゃろう?

ユカリ　1 m は 100 cm ですから，

100 cm × 100 cm × 100 cm = 1000000 cm³

1 m³ は，1000000 cm³ です。

$$1\,m\ell = 1\,cm^3 \quad (1辺1cmの立方体)$$
$$1\,d\ell = 100\,cm^3$$
$$1\,\ell = 1000\,cm^3$$
$$(1辺10cmの立方体)$$
$$1\,k\ell = 1000000\,cm^3 = 1\,m^3$$
$$(1辺1mの立方体)$$

ピカット まえに, $d\ell$ と ℓ とをならいましたが, それを cm^3 になおすとどうなりますか?

はかせ ピカット君, いいことを思い出したね。自分で計算してごらん。

ピカット $1\,\ell$ は, $10\,cm \times 10\,cm \times 10\,cm$ の立方体ですから $1000\,cm^3$ になります。

$1\,d\ell$ は, $1\,\ell$ を十等分したひとつだから, $100\,cm^3$ になります。

はかせ よくできたね。 $1000\,\ell$ を $1\,k\ell$ キロリットル というんじゃが, それは $1\,m^3$ ともいう。

時間をはかろう！

今日は，時間を探険しようというのに
かんじんの時計がないというのだ。

あのにくいブラックが，研究所の時計
をぜんぶかくしてしまったんだって。

広間のふり子時計から，はかせのうで
時計，目ざまし時計までもさ。

そこで，……

時間がなくなった！

サッカー　たいへんだ！　時計をみんなもっていかれちゃった。

グーグー　どうしよう！　時計がないと時間がなくなっちゃうよ。

ピカット　あーあ、せっかくみんなでやって来たのに。

はかせ　まあ、おちつきなさい。いまグーグーはなんと言ったのかな？

グーグー　時間を持っていかれちゃったのさ、ちくしょう！　ブラックのやつめ。

はかせ　グーグー、時計がなくなると、時間もなくなるのかな？

グーグー　うん。時計がなくなれば、世の中から、時間なんてなくなっちゃうよ。

ピカット　ユカリちゃんもグーグーと同じ考えかい？

ユカリ　そうよ、きっと私たちがねむっている時とおなじで、時間はなくなったのよ。

サッカー　それに時間って、なんにも見えないし、さわることだってしきない、とうめい人間みたいなものだろう。

ユカリ　まあ、サッカー君たら。でも困ったわ、時計がなくなってしまったら、だいすきなテレビも見られないわ。

サッカー　でも、時計がなかった大昔の

人はどうやって時間をはかったのかな？

ピカット　ピカッときたぞ。ねえみんな、あわてることなんかないよ。時計がなくたって時間をはかることができるかもしれないよ。そうでしょ、はかせ？

はかせ　ほほう、いつのまにか、みんなはたくましい探険隊になったようじゃね。ねている時でも、ちゃんと時間はあるし、時計がなくたって、時間をはかることができるのじゃ。

ピカット　でもこまったな、時間を探険するのに時計がないなんて……

はかせ　なんだい、そんな弱気をだしたりして、もうひとふんばりじゃ。早く、ページをめくってみたまえ。

時間の長さをくらべてみよう

ふたりは同時に, 鉄ぼうにとびついた。

右と左, どちらの子が, がんばったかな?

ふたりはにらめっこをはじめたよ。

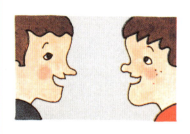

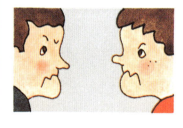

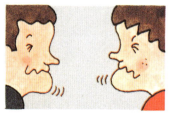

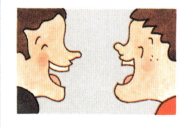

右と左, どちらの子が, かっただろう?

こんどは, こままわしをはじめたようだね。

さあ, どっちが長くまわったかな?

ちょうちょ，ちょう
ちょ……

どちらが長く，花に
とまっていただろう？

はかせ　まえに長さをくらべたとき，は
しをそろえて，どっちが長いかをしらべ
たね。それがヒントじゃ。

ピカット　ピカッときたぞ。時間を長さにおきかえて
くらべようというんでしょ。

はかせ　そうなのじゃ。左の絵をよく見てごらん。鉄
ぼうにとびついてから，力つきて手をはなしてしまっ
た間のことを，鉄ぼうにぶらさがっている時間という
のじゃ。さあ，どうなったかきちんと答えてごらん。

①鉄ぼうに，ぶらさがっている時間

ユカリ　左の子の方が，長い時間，鉄ぼうにつかまっ
ていました。

②にらめっこをしている時間

サッカー　いっしょにはじめて，いっしょにわらいだ
したから，あいこです。

③こまが，まわっている時間

ピカット　左の子のこまの方が，長い時間まわりまし
た。右の子は，あとからまわしたのに，さきにたおれ
てしまったからです。

④ちょうちょが，花にとまっている時間

ユカリ　つかまえようとしたら，いっしょにとんでい
ったので，さきに花にとまっていたモンシロチョウの
方が，長い時間，花にとまっていたわ。

はかせ　そのとおり。時計がなくても時間があるとい
うことがよくわかったじゃろう。見てごらん，あのブ
ラックのくやしそうな顔を。ハッハッハ，……

なかだちをつかってくらべる

オウム 上の絵を見てごらん。皿まわしをしてるんだ。ひとつしかお皿がないから順番にやったんだって。

さあ、どっちが長い間、お皿をまわすことができただろう？

ユカリ そんなのくらべられないわ！時計ではかれば別だけど、時計はないし。

サッカー ちょくせつくらべられないときは、なかだちをつかったじゃないか！何かいいなかだちはない？

ピカット そうなんだ。ぼくも今、それを考えていたところなんだ。時計もなかった大昔の人は、何をなかだちにして、時間をくらべていたんだろう？

オウム なかなか、いいところまで考えたね。もうひといきだと思うけどな。

ユカリ 砂時計なんかじゃだめかしら？

サッカー 上から下へ、いつも同じ量だけ砂がこぼれる時計だろう。でも、お皿がおちたとき、こぼれる砂をとめるようにしておかないと、……それに、つぎの人が、まわしはじめたとき、どうすればいいのかな。

ピカット いい考えがうかびそうだぞ。

さんざん考えたあげくに、サッカーは水時計を、ピカットは、テープ時計を考えだした。なるほど、どっちが長い時間皿をまわしていたか、これならくらべられるね。2人が、とくいがって話しているよ。

サッカー 大きな水そうに穴をあけて、いつも同じ量だけ水が流れおちるようにしておくのさ。そして、2つ入れものを

用意して，皿まわしがはじまると同時に水をうけるんだ。水がたくさんたまったほうが，長い時間，まわしていたことになる。

ピカット　これは，ちゃんとモーターがついていて，いつも同じ速さで，まいたテープが，どんどん出てくるそうちなんだ。はじめるときスイッチを入れて，皿

がおちたときに切る。それでテープの長い方が勝ちさ。

サッカーの水時計も，ピカットのテープ時計もなかなかすばらしい。でも，かんたんにはつくれないね。そこでもっといい方法はないかと，みんなは，頭をひねったのだけれど，……

いろいろな なかだち

探険隊（たんけんたい）は，身近（みぢか）にあるもので，時間を
はかれないかと考えた。そして，いつも
ねむってばかりいるグーグーの話から，
みんなは，つぎつぎにひらめいたんだ。

グーグー あのね，1，2，3，4，……っ
て，かぞえるのはどう？
ピカット それはいい考えだよ。なるほ
どね。そうだ，ピカッときたぞ！

手びょうしをうつのは，
どう？

歌を歌うのなんか，い
いだろう？

みゃくをとってはかる
のはどうだい？ 人間の
体（からだ）も時計みたいなもん
なのさ。

足ぶみも，手びょうし
も，やっぱり，**数**をか
ぞえることだよ。

足ぶみしても，わかる
さ。

はかせ　いろいろと，いいちえが出たようだね。ピカット君が，みゃくはくで時間の長さをはかろうという案を出したが，どうじゃろう，ミクロちゃんやマクロ君に，台の上で，かた足をあげてもらって，その時間をくらべてみたら，おもしろくはないかな？

ミクロちゃん，がんばれ！

ああ，足がしびれる！

がんばって！

なんのこれしき，
みんなだらしな
いぞ。

みゃくの数がどうだったか，表をつくってみると……。

足を上げた はかった人	ミクロ	ピカット	マクロ	タロウ
サッカー	34		27	81
ユ　カ　リ		39	32	

サッカー　いちばんすごいのは，オウムのタロウだけど，つぎに長かったのは，ピカット君の 39 だよ。

ピカット　へえ，ぼくが 39 とはねえ。

グーグー　マクロ君が，いちばんビリだよ。からだが大きいのに。

　そのとき，ミクロが，キンキン声をはりあげた。

ミクロ　ちょっと，まって！ どうしてあたいが，ピカット君にまけたっていうの？

サッカー　だって，表を見ればわかるよ。ピカット君は，きみより 5 つ多いよ。

ミクロ　あーあ，それだから，いやになっちゃう。マクロ君の所を見て。ユカリちゃんが，はかったのと，サッカー君がはかったみゃく数が，5 つもちがうのよ。

ピカット　あっ，そうか！ これは，なかだちのみゃくが，サッカー君とユカリちゃんで，ちがっていたからだ。

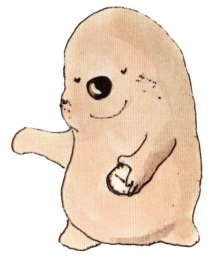

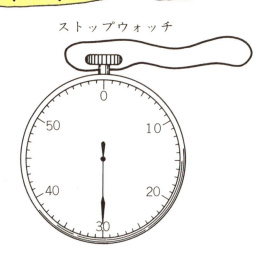

スリルまんてんだったよ。ブラックのすきをみて ストップウォッチ 持ってきちゃった！

ストップウォッチ

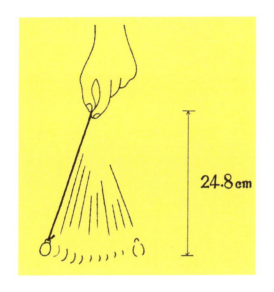

24.8cm

はかせ　グーグーが，いいところに，ストップウォッチをもってきてくれたんじゃが，そのまえにちょっと左を見てごらん。正確に時間をはかるために，世界共通の単位があるんじゃが，この振子（ひもの長さ24cm8mm）が，いってもどってくる時間を「1秒」といい，みじかい時間をはかる時に使うのじゃ。

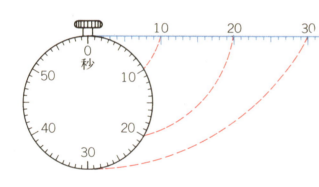

オウム　ストップウォッチは，運動会でつかうね。はりが，1まわりすると60秒。みんなも，100mを何秒で走れるか，はかってみると，おもしろいよ。

やってみよう

ストップウォッチは，何秒をさしているかな?

秒のたし算

グーグー 時間は，たし算できるのかしら？ 面積や重さのようにさ。

サッカー 前のページで，秒を長さであらわしたでしょう。長さは，あわせるとたし算になるから，時間も，たし算できると思うな。そうでしょう，はかせ？

はかせ 時間がたし算になるか，ひとつ実験をしてみよう。ユカリちゃん，なにか歌ってくれないかな。わしがピアノのばんそうをしよう。

グーグー すてきだなあ，ユカリちゃんの歌が聞けるなんて。

はかせ ピカット君，そこにあるテープレコーダーで，歌を録音してくれたまえ。サッカー君は，ストップウォッチで，歌の時間をはかるんだ。

こうして，ユカリは「どんぐりころころ」を17秒で，それからもう1曲「おもちゃのマーチ」を15秒で，なかなかじょうずに聞かせてくれたんだ。はかせは，録音したテープを，はさみで切ったり，それをまたつなげたりして笑っている。

はかせ さて，ピカット君。このテープは，ユカリちゃんの歌が2曲つづけて，録音されているのじゃ。ピカット君が，テープをスタートさせたら，それと同時にサッカー君は，ストップウォッチで，時間をはかるのじゃ。ではいいかな？

ユカリの歌が2曲，つづけて流れた。ユカリは，顔をまっ赤にしながらうつむいている。

サッカー ちょうど32秒です。

ピカット 「どんぐりころころ」が17秒，「おもちゃのマーチ」が15秒，それをたすと，やっぱり，32秒になるよ。

グーグー 時間もたし算ができるんだね。わかったぞ。今までやった，水の量，長さ，お金，重さ，面積，体積，みんな同じなかまの量なんだ。

秒のひき算

　グーグーが，とてもたいせつなことに気がついたので，ごほうびに，オウムのタロウがもんだいをだしたんだ。するとグーグー，目をとじてねむってしまったよ。たぶん，たぬきねいりだと思うけど，……

　野球で2るいだを打った。ホームからファーストをとおってセカンドまで，28秒かかった。ところで，ファーストまでは，13秒で走ったんだ。ファーストからセカンドまでは，何秒かかったか？

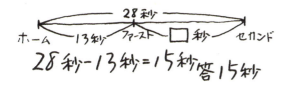

28秒－13秒＝15秒　答 15秒

サッカー　時間を線で書いてみるとこうなるね。

ユカリ　ひき算すれば□がわかるわ。

　100mきょうそうで，うさぎは16秒，たぬきは，18秒で走ったんだ。どちらが何秒早く走ったか？

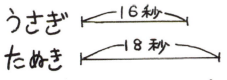

18秒－16秒＝2秒

答 うさぎが2秒早く走った

　こんどは，ぼくが考えるよ。線で書くと，すぐわかるね。

分

はかせ 秒という単位は，みじかい時間をはかるときには いいのじゃが，長い時間になると，数が大きくなって ふべんじゃね。そこで60秒を1分ということにきめたの じゃ。60秒＝1分

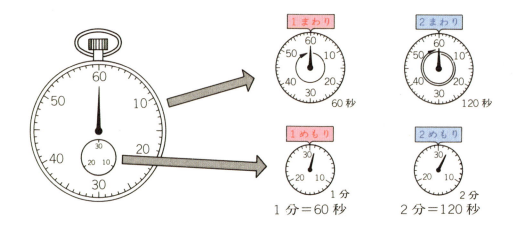

1まわり	2まわり
60秒	120秒
1めもり	2めもり
1分	2分
1分＝60秒	2分＝120秒

はかせ 上のストップウォッチを見てごらん。大きいはりが，秒をさし，1まわりすると60秒じゃ。すると，下の小さな文字ばんの分のはりが，1目もりすすむわけじゃ。では，秒のはりが，2まわりしたら，小さい分のはりは，何目もりすすむ？

ユカリ 2目もりです。

はかせ そうじゃ。下の図を見れば，よくわかるね。2まわりは，60秒が2回で120秒。120秒は，2分のことじゃから，2目もりすすんでいる。

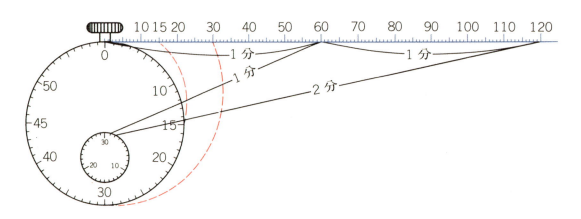

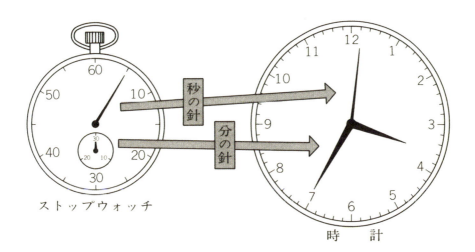

ストップウォッチ

時　計

グーグー　時計がなくても，時間の探険（たんけん）がすすんでいくので，ブラックのやつ，時計をおいて，どこかへ行っちゃったよ。

サッカー　ちょうどよかった。時計の探険をはじめるところだよ。

きみも，家の時計をよく見てごらん。

ユカリ　ほら，あの長くてほそい，いちばん早く動くはりが，秒のはりよ。

サッカー　うん。秒のはりが1まわりすると，分のはりが1目もりすすむね。

はかせ　では，問題を出すよ。

やってみよう

1.　時計の分のはりを読んでごらん。

2.　□の中に数字を入れてみよう。

①78秒＝□分□秒　②93秒＝□分□秒

③99秒＝□分□秒　④85秒＝□分□秒

3.　自分（じぶん）でやってみる問題。

時計を見ないで「1分」がどのくらいだか，自分でためしてみよう。

分のたし算

オウムのタロウが、いそいでへやにとびこんできた。

オウム　ぼくはいま、ちょっととなりの町まで行ってきたんだけどね、行きに 25 分、帰りに 28 分かかってしまったんだ。あわせて、何分になる？

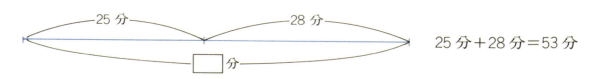

25 分＋28 分＝53 分

オウム　時間は、あわせると、たし算になるね。では、帰りの 28 分のうち、じつは 5 分ほど、休んできた。すると、ぼくがとんでいた時間は何分だろう？

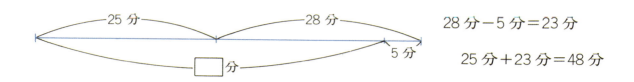

28 分－5 分＝23 分

25 分＋23 分＝48 分

やってみよう

1.　みんなでレコードを聞く会を開きました。それぞれ、自分のすきなレコードをもっていくことになりました。どのくらいかかるかみんなで時間をはかりました。ピカットが 2 分で、ユカリが 3 分、サッカーが 4 分、はかせは 23 分でした。ぜんぶで何分かかったでしょう。

2.　つぎのけいさんをしよう。

① 13 分＋32 分＝　　　② 4 分＋16 分＝

③ 48 分＋11 分＝　　　④ 2 分＋48 分＝

⑤ 34 分＋24 分＝　　　⑥ 52 分＋7 分＝

⑦ 51 分＋8 分＝　　　⑧ 37 分＋13 分＝

⑨ 12 分＋38 分＝　　　⑩ 25 分＋15 分＝

⑪ 17 分＋25 分＝　　　⑫ 30 分＋20 分＝

時

はかせが，かべの時計を見ながら言った。

はかせ　秒のほそいはり，分の長いはりのほかに，もう1本みじかいはりがあるが，あれは何のはりじゃ？

サッカー　時間のはりです。

はかせ　正しくは，時のはりといおう。では，時のはりは，どんなすすみかたをするじゃろう？

分のはりが1まわり

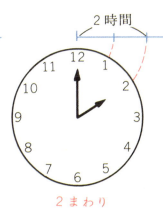

2まわり

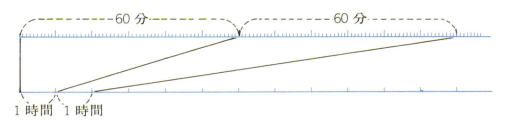

ピカット　長い分のはりが1まわりすると，60分。すると，時のはりが，12から1のところまできます。

はかせ　それが1時間なのじゃね。

60分＝1時間

さて，分のはりが2まわりすると？

サッカー　分のはりが2まわりすると，60分×2で，120分です。それは，2時間のことですから，時のはりは，12から2へすすみます。

はかせ　そのとおり。みじかい時のはりが，いちばんゆっくりとすすむ。

1. つぎの時計は、それぞれ何時をさしているかな。

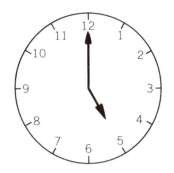 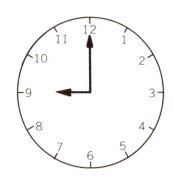 

2. 時間を線でかいてみました。↑の所を読んでみましょう。

3. グーグーの出した問題

①上の図を見てよく考えてね。1日は24時間あるの。では，時計のみじかい針は1日に何回まわるでしょう?

②ボクは，だいたい1日のうち18時間ねているんだそうです。これはサッカー君が教えてくれたんだ。ではボクの起きている時間は何時間でしょう?

③78分=□時間□分　　92分=□時間□分　　61分=□時間□分　　60分=□時間

　4時間3分=□分　　3時間42分=□分　　9時間21分=□分　　3時間=□分

日

はかせ ねぼすけグーグーが，1日は，24時間じゃということを教えてくれたので，これで，秒，分，時，日まで，みんなわかったことになるね。

サッカー でも，はかせ，1日は24時間なのに，どうして時計は，24の目もりをうってないのですか?

はかせ 24も目もりをうつと，ひと目もりがとても小さくなる。それでは目もりが読みづらいのじゃ。

ユカリ でも，1日は24時間といっても，ふつう12時までしか使っていません。同じ8時でも，朝の8時と，夜の8時と2回あるし，同じ12時でも，お昼の12時と，夜中の12時と2回あります。

はかせ そのとおりじゃ。時のはりは，1まわりで12時間。それが，2まわりして，1日になる。

ピカット いま，ユカリちゃんの話を聞いていて，気がついたんですが，駅の時こく表では，13時とか18時とかいう使い方をしていますよ。

はかせ いいことに気がついたね。汽車や電車の時こく表では，ちゃんと1日を24時間として，夜中の12時を0時として時間をきめている。そうすれば，同じ8時といっても，朝の8時か，夜の8時かわからないといったしんぱいはなくなるね。お昼の12時のつぎの1時は，だから13時になる。きみたちがねむる夜の9時は，12をたして，21時ということになるのじゃ。

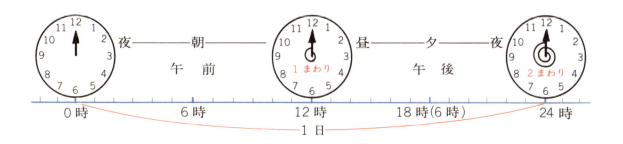

時間をタイルで考えよう

はかせ　みんなも気がついたじゃろうが，時間は，1 dℓ が 10 あつまって 1 ℓ になるというような 10 進法では，すすんでいないね。1 秒が 60 あつまった 60 秒が 1 分，その 1 分がまた 60 あつまった 60 分が 1 時間というふうに，60 ずつあつまって，つぎの上のくらいをつくっている。これを 60 進法というんじゃよ。1 日が 24 時間というのは，60 進法ではなく，24 進法じゃがね。

　この 60 進法って，何だろう？ タイルで考えてみよう。

■ 1 秒　　　　60 秒 ＝ 1 分

3600 秒＝60 分＝1 時間

時間の単位をかえるには

ユカリ わたしたちが，探険してきた算数は，10進法だったでしょう。1，10，100，1000，というように。ところが，時間の単位は，さっきタイルで書いてみたけど，60進法で，まだなれていないからとてもまごつくわ。

サッカー 1分が60秒で，1時が60分，それと1日が，24時間だなんて，ふべんでしょうがないよ。

はかせ こわがっていては，いつまでたってもおぼえないのじゃ。はじめのうちは，ゆっくりやればいい，……

① 2時16分は，何分ですか?

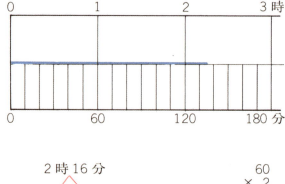

2時16分
2時　　16分
60分×2＋16分＝136分

```
  60
×  2
 120
+ 16
 136
```

② 2日8時は，何時ですか?

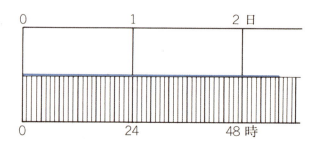

2日8時
2日　　8時
24時×2＋8時＝56時

```
  24
×  2
  48
+  8
  56
```

ユカリ まず，2時と16分をわけて考える。2時は，60分×2だから，120分。それに，16分をたして，136分とするのですね。

はかせ そのとおりじゃ。

サッカー まず，2日と8時にわけて，2日とは，24時×2のことだから，48時。それに8時をたして，56時。答えは，56時です。

はかせ よくできたね。

はかせ　こんどは，ぎゃくに，145分は何時何分か，と

考えるときには，つぎのような計算をするのじゃよ。

①145分は，何時何分ですか？

②53時は，何日何時ですか？

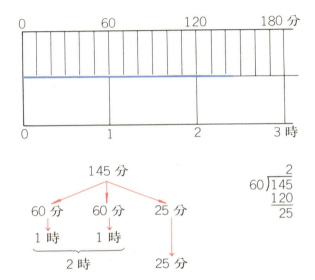

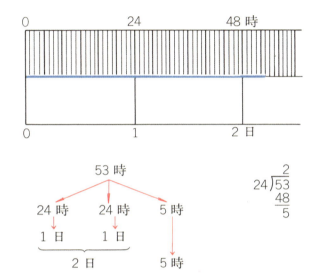

ピカット　145分のなかに，60分（1時）がいくつくばれるか，145÷60を計算します。すると，2あまり25。この2は，2時のこと。25は，25分のことですから，答えは，2時25分です。

はかせ　よくできたよ。ピカット君！

ユカリ　53時のなかに，24時（1日）がいくつくばれるか，53÷24を計算します。すると，2あまり5。2は，2日のことで，あまりの5は，5時のことですから，2日5時です。

はかせ　おお，そのとおりじゃよ。

やってみよう

時間のタイルを思いだしながら，単位をかえてみよう。
　①分にかえる

　　1時9分　　18時58分　　24時50分

　　4時20分　　2日4時　　31日

　②分を日，時にかえる。

　　156分　　3245分　　4820分　　60分

　　1440分　　10000分　　5842分　　80分

時間の計算（1） たし算

オウム　さあ，ぼくが問題を出すよ。1さつの本を読む
のに，1日めに2時間35分，2日めには2時間12分で読
みあげてしまった。本を読みあげるのに，何時間何分か
かったろう？

ユカリ　計算のときは，時間を，時と書
けばいいわね。ええと，……

35分＋12分＝47分，2時＋2時＝4時。
だから，答えは，4時間47分。

$$
\begin{array}{r}
2時35分 \\
+\ 2時12分 \\
\hline
4時47分
\end{array}
$$

オウム　そのとおり。では，サッカー君が山のぼりをし
たんだ。行きは4時間43分，帰りは2時間35分かかっ
た。行き帰りで，何時間何分かかったろう？

サッカー　こんどは，ぼくがとくのかな。
4時＋2時＝6時，43分＋35分＝78分。
答えは，6時間78分だよ。
オウム　ほんとかい？　サッカー君。
ピカット　78分は，まだなおせるじゃな
いの。
サッカー　あっ，そうか。78分は1時と
18分。だから，7時間18分になるんだ。
くりあがるのをわすれていた。

$$
\begin{array}{r}
4時4\ 3分 \\
+\ 2時35分 \\
\hline
6時78分 \\
7\qquad 18 \\
\end{array}
$$

答　7時18分

オウム　パンダのいる上野動物園へ行きたいのだけど，バスで1時間28分，電車で1時間32分かかる。あわせて，何時間何分かかるかな？

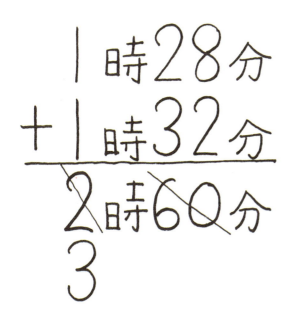

ピカット　かんたんだね。1時＋1時で2時。28分＋32分で，60分。おっと，これはちょうど1時のことだ。だからくりあがって，3時になる。答えは，3時間。

1. ユカリ，ピカットがつくった問題。

　①学校から帰って，「ふしぎの国のアリス」という本を読みました。時間をはかってみたら2時間35分でした。読みはじめたのが3時30分だとすると何時何分に読み終ったのかしら？

　②学校が終ってから，野球をやった。第1試合が1時間25分，第2試合が1時間35分かかった。あわせて何時間，ぼくは野球をしていたことになるか？

2. グーグーがみんなにまけずに考えた問題。少しやさしすぎるかもしれないね。

　①ボクは，きょう9時間43分ねて，お昼に37分ねたの。あわせてどの位？

　②2時48分＋3時37分＝

　③5時25分＋6時38分＝

はかせ　みんなよくできるね。では，つぎの探険にうつ<ruby>探険<rt>たんけん</rt></ruby>ろう。これだけやっておけば，もう時間のたし算は，かんたんじゃ。

3時 12分 8秒＋5時 24分 20秒＝

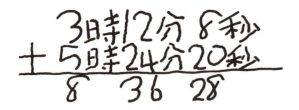

グーグー　これなら，ボクにもできるよ。くりあがりがないから，時，分，秒をそろえて，8時 36分 28秒になるよ。

ユカリ　うまいわ，グーグー！

5時 20分 18秒＋3時 15分 59秒＝

```
    5 時   20 分   18 秒
 ＋  3 時   15 分   59 秒
    8       35       77
            36       17
```

ミクロ　あたいに，こんなやさしい問題をやらせるつもり？ 77秒は，60秒と 17秒。そこに気をつけるだけね。答えは 8時 36分 17秒。

3時 24分 18秒＋4時 53分 28秒＝

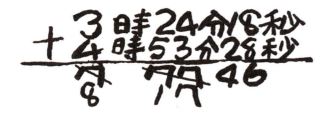

マクロ　おいらにもやさしすぎるよ。くりあがりが，分のところにあるね。77分は，60分と 17分だから，1時くりあがって，答えは，8時 17分 46秒。

3時 45秒＋6時 19秒＝

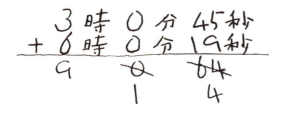

ユカリ　時，分，秒をそろえて計算すると，9時 0分 64秒になる。64秒は，分にくりあがって，4秒のこるから，答えは，9時 1分と 4秒よ。

5 時 18 分 48 秒＋4 時 52 分 36 秒＝

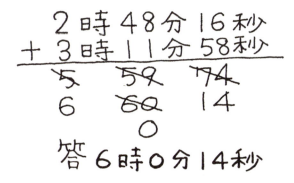

$$5 時 18 分 48 秒$$
$$＋4 時 52 分 36 秒$$

答 10 時 11 分 24 秒

サッカー 計算すると，9 時 70 分 84 秒。いやになっちゃうなあ。秒にも，分にもくりあがりがあるんだ。ええと，秒からやって，84 秒は，1 分と 24 秒。その 1 分を入れて，71 分は，1 時 11 分。うまい！ これでできたぞ。

2 時 48 分 16 秒＋3 時 11 分 58 秒＝

$$2 時 48 分 16 秒$$
$$＋3 時 11 分 58 秒$$

答 6 時 0 分 14 秒

ピカット 5 時 59 分 74 秒になったから，秒のところにしかくりあがりがないな。と思ったら，分が 60 分になってしまったぞ！ そこで，またくりあがって，答えは，6 時 0 分 14 秒だ。

はかせ みんな，よくできたね。

① 3 時 43 分 51 秒＋5 時 17 分 7 秒＝

② 8 時 31 分 35 秒＋12 時 24 分 23 秒＝

③ 5 時 10 分 30 秒＋2 時 30 分 20 秒＝

④ 4 時 43 分 13 秒＋8 時 17 分 27 秒＝

⑤ 2 時 31 分 29 秒＋7 時 17 分 34 秒－

⑥ 3 時 37 分 39 秒＋5 時 11 分 23 秒＝

⑦ 6 時 41 分 48 秒＋1 時 18 分 23 秒＝

⑧ 5 時 19 分 21 秒＋9 時 21 分 58 秒＝

⑨ 3 時 38 分 25 秒＋2 時 24 分 31 秒＝

⑩ 4 時 49 分 34 秒＋8 時 26 分 22 秒＝

⑪ 8 時 18 分 41 秒＋3 時 42 分 37 秒＝

⑫ 3 時 38 分 26 秒＋6 時 21 分 34 秒＝

⑬ 4 時 32 分 18 秒＋2 時 43 秒＝

⑭ 3 時 43 分 2 秒＋5 時 16 分 58 秒＝

⑮ 9 時 8 秒＋1 時 59 分 52 秒＝

⑯ 7 時 2 分 48 秒＋6 時 57 分 12 秒＝

時間の計算（2） ひき算

オウム　こんどは，ひき算の探険だよ。問題を出そう。サッカー君は，足が速い。はげ山のところまで走ったら，ユカリちゃんは1分5秒。サッカー君は，58秒で走った。サッカー君は，どれだけ速かったか？

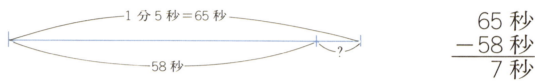

$$\begin{array}{r} 65\,秒 \\ -58\,秒 \\ \hline 7\,秒 \end{array}$$

サッカー　ぼく，そんなに速くないよ。でもこの問題，分と秒をそろえても，5秒から58秒はひけないよ。

ユカリ　分を60秒にして，くりさげるの

よ。60秒をくりさげると，65秒になるでしょう。65秒−58秒は7秒。答えは7秒よ。

オウム　その調子で行こう！

オウム　ピカット君は，駅から川まで，35分20秒かかった。サッカー君は，30分15秒でついた。どちらが何分何秒早く，川についただろう？

ピカット

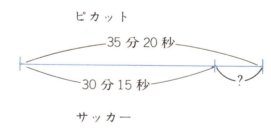

サッカー

ピカット　この問題は，べつにくりさがりもないから，かんたんだよ。分と秒をそろえて計算すると……，サッカー君の方が，5分5秒早く，川についたことになるね。

オウム　よくできました。では，たし算のときみたいに，みんなにやってもらおうかな。

$$\begin{array}{r} 35\,分\ 20\,秒 \\ -30\,分\ 15\,秒 \\ \hline 5\,分\ \ 5\,秒 \end{array}$$

はかせ　これから探険する 8 つの問題ができれば，時間のひき算も，らくにできるのじゃ。

12 分 13 秒－8 分 38 秒＝

ユカリ　13 秒から 38 秒はひけないので，1 分もらってきて，11 分 73 秒にすると，3 分 35 秒，……これが答えよ。

$$\begin{array}{r} {\scriptstyle 11} \quad {\scriptstyle 73} \\ \cancel{12}分13秒 \\ -\quad 8分38秒 \\ \hline 3分35秒 \end{array}$$

答 3 分 35 秒

42 分－18 分 49 秒＝

サッカー　42 分は，42 分 0 秒のことだけど，0 秒ではひけないので，1 分＝60 秒をもらってきて計算すればいいのさ。

$$\begin{array}{r} {\scriptstyle 41} \quad {\scriptstyle 60秒} \\ \cancel{42}分 \\ -18分49秒 \\ \hline 23分11秒 \end{array}$$

答 23 分 11 秒

9 時 38 分 24 秒－4 時 25 分 13 秒＝

グーグー　くりさがりがないから，ボクがやるよ。こういう問題は，あわてずにやれば，ねむっていてもできるのさ。

$$\begin{array}{r} 9時38分24秒 \\ -4時25分13秒 \\ \hline 5時13分11秒 \end{array}$$

答 5 時 13 分 11 秒

7 時 45 分 2 秒－2 時 14 分 39 秒＝

ミクロ　2 秒から 39 秒は，ひけないでしょう。だから 60 秒もらってきて，62 秒からひけばいいのよ。1 あげたから 44 分ね。

$$\begin{array}{r} {\scriptstyle 44} \quad {\scriptstyle 62} \\ 7時\cancel{45}分\ \cancel{2}秒 \\ -\ 2時14分39秒 \\ \hline 5時30分23秒 \end{array}$$

答 5 時 30 分 23 秒

18 時 4 分 24 秒－5 時 9 分 10 秒＝

マクロ　時から分へくりさげないと，ひけないね。だから，18 時 4 分を，17 時 64 分にしてから，じゅんばんに計算すれば，あとはかんたんさ。

$$
\begin{array}{r}
17\quad 64 \\
18\,時\ 4\,分\ 24\,秒 \\
-\ \ 5\,時\ 9\,分\ 10\,秒 \\
\hline
12\quad 55\quad 14
\end{array}
$$

答 12 時 55 分 14 秒

16 時 35 分 5 秒－9 時 46 分 13 秒＝

ユカリ　60 秒をもらってくると，あらあら，分もひけないから，60 分をまたもらってきて，15 時 94 分 65 秒にして，ひけばいいのね。

$$
\begin{array}{r}
94 \\
15\quad 65\quad 65 \\
16\,時\ 35\,分\ 5\,秒 \\
-\ \ 9\,時\ 46\,分\ 13\,秒 \\
\hline
6\quad 48\quad 52
\end{array}
$$

答 6 時 48 分 52 秒

24 時 3 秒－2 時 8 分 35 秒＝

サッカー　24 時 3 秒は，くらいをそろえると 24 時 0 分 3 秒のことだね。そこで，時から 60 分をもらってくると，23 時 60 分 3 秒。また 60 秒もらってきて，23 時 59 分 63 秒にしてひき算すればいいんだ。

$$
\begin{array}{r}
59 \\
23\quad 60\quad 63 \\
24\,時\ 0\,分\ 3\,秒 \\
-\ \ 2\,時\ 8\,分\ 35\,秒 \\
\hline
21\quad 51\quad 28
\end{array}
$$

答 21 時 51 分 28 秒

18 時－8 秒＝

ピカット　これは，ひき算でやったおじいさん型でしょ。18 時から 60 分もらうと，17 時 60 分。また，60 秒もらうと，17 時 59 分 60 秒。あとは，8 秒をひくだけ。

$$
\begin{array}{r}
59 \\
17\quad 60\quad 60 \\
18\,時\ 0\,分\ 0\,秒 \\
-\ \ \ \ \ \ \ \ \ 8\,秒 \\
\hline
17\quad 59\quad 52
\end{array}
$$

答 17 時 59 分 52 秒

1. つぎの計算をしよう。

① 3 時 21 分 4 秒＋4 時 32 分 7 秒＝　　　② 7 時 35 分 23 秒＋6 時 12 分 31 秒＝

③ 8 時 38 分 23 秒＋2 時 20 分 37 秒＝　　　④ 5 時 41 分 38 秒＋2 時 1 分 22 秒＝

⑤ 6 時 45 分 37 秒＋1 時 12 分 42 秒＝　　　⑥ 4 時 28 分 12 秒＋5 時 12 分 59 秒＝

⑦ 3 時 38 分 42 秒＋7 時 21 分 34 秒＝　　　⑧ 7 時 49 分 35 秒＋2 時 18 分 27 秒＝

⑨ 1 時 40 分 23 秒＋3 時 20 分 28 秒＝　　　⑩ 4 時 48 分 20 秒＋2 時 11 分 40 秒＝

⑪ 2 時 45 分 43 秒＋2 時 35 分 57 秒＝　　　⑫ 3 時 29 分 35 秒＋4 時 41 分 45 秒＝

⑬ 7 時 49 分 58 秒＋5 時 47 分 49 秒＝　　　⑭ 9 時 48 分 21 秒＋3 時 0 分 40 秒＝

2. こんどはひき算の計算。

① 6 時 32 分 31 秒－3 時 11 分 21 秒＝　　　② 8 時 54 分 28 秒－6 時 51 分 19 秒＝

③ 9 時 42 分 23 秒－7 時 24 分 30 秒＝　　　④ 7 時 38 分 54 秒－2 時 25 分 59 秒＝

⑤ 4 時 39 分 48 秒－2 時 38 分 49 秒＝　　　⑥ 9 時 20 分 35 秒－8 時 18 分 45 秒＝

⑦ 7 時 23 分 4 秒－5 時 23 分 7 秒＝　　　⑧ 8 時 41 分 39 秒－7 時 45 分 39 秒＝

⑨ 3 時 35 分 49 秒－1 時 43 分 50 秒＝　　　⑩ 4 時 0 分 29 秒－3 時 48 分 38 秒＝

⑪ 8 時 12 分 30 秒－7 時 11 分 40 秒＝　　　⑫ 6 時 32 分 43 秒－2 時 43 分 57 秒＝

⑬ 7 時 48 分 23 秒－3 時 51 分 47 秒＝　　　⑭ 5 時 58 分 42 秒－4 時 58 分 43 秒＝

3. ちょっとむずかしい問題。よく考えてやればかんたんさ。

① 4 時 53 分 41 秒＋5 時 6 分 19 秒＝

② 3 時 27 分 38 秒＋2 時 0 分 22 秒＝

③ 9 時 35 分 24 秒＋2 時 24 分 36 秒＝

④ 5 時 0 分 3 秒－1 時 41 分 25 秒＝

⑤ 1 時 37 分 57 秒－1 時 36 分 59 秒＝

⑥ 24 時 48 秒－7 時 35 分 49 秒＝

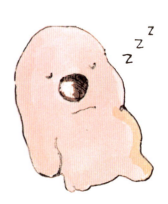

ユカリの生活表

ユカリ　わたしの生活を表にしてみました。土よう日と日よう日のぶんです。あなたも生活表をつくってみたら。そしてそっとわたしに教えてくださいね。

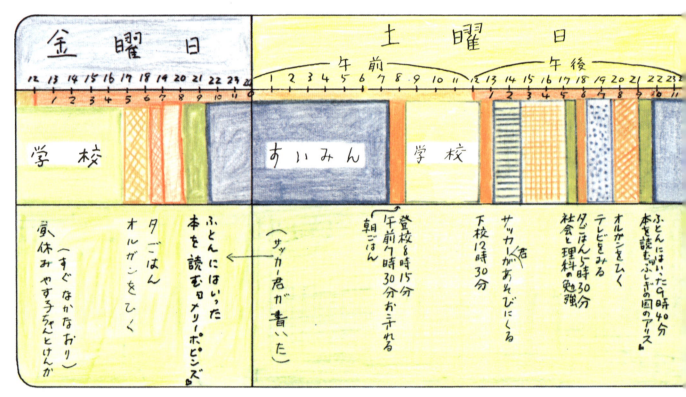

はかせ　ユカリちゃんは，なかなか時間をたいせつに使っているね。

ユカリ　日よう日のおたんじょう日会，トランプしたり，とても楽しかった。

はかせ　ユカリちゃんがすてきな表をつくってくれたから，この表から，いろいろなことを考えてみよう。土よう日にユカリちゃんは，8時15分に登校し，12時20分に下校しているけれど，何時間学校にいたことになるかな？

ピカット　12時20分－8時15分ですから，4時間5分です。

はかせ　そう。そのことをあらわすと，

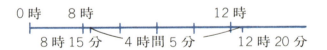

となるね。そこで，時こくと時間について考えてみたいのじゃが，8時15分とか，12時20分というのは，「いま，何時」という時こくじゃね。この時こくに対して，

ピカット　こうやって表にしてみると，自分がなにをやっていたかとてもよくわかるね。さすがユカリちゃんだね。ぼくもピカッときたことを表に書いてみようかな。

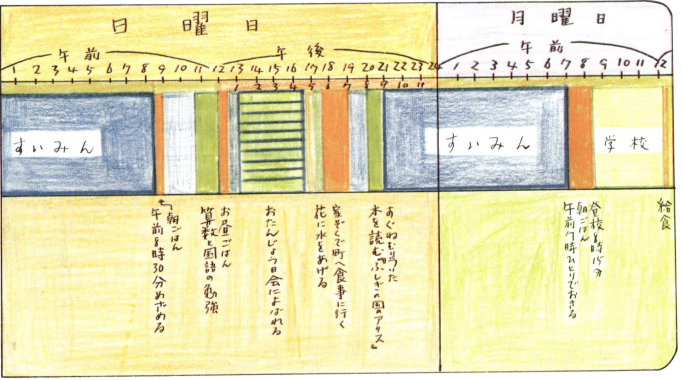

日曜日
午前　午後
すいみん

朝ごはん　午前8時30分めざめる
算数と国語の勉強
お昼ごはん
おたんじょう日会によばれる
花に水をあげる
家ぞくで町へ食事に行く
本を読む「ふしぎの国のアリス」
ぐっすりねむり当った

月曜日
午前
すいみん　学校

登校8時15分
朝ごはん　午前7時
午前7時ひとりでおきる
給食

登校の時こくと，下校の時こくの間は，4時間5分という時間になる。時こくと時間のいみのちがいがわかるかな？

ユカリ　はい。時こくは，「何時何分に会いましょう。」とやくそくするような，時間の目もりをさしています。でも時間は，何時何分から何時何分までという，時間の長さのことです。

はかせ　おお，そのとおりじゃ。サッカー君はどうかな？

サッカー　8時15分は，時こくですけど，0時から8時15分までは，時間です。

はかせ　すごいことに気がついたね。

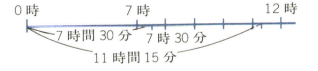

0時　　　7時　　　12時
7時間30分　7時30分
11時間15分

ユカリちゃんがおこされた7時30分という時こくは，0時から7時間30分たったところにある時こくのことじゃ。では，つぎへすすもう。

時こくの計算

ユカリちゃんの生活表から，問題をつくったよ。

時こく＋時間＝時こく

7時30分におこされたユカリちゃんは，30分たって家を出た。家を出た時こくは，何時かな？

ピカット　式をたてると，7時30分＋30分だよ。7時30分は時こくで，30分は時間だ。答えは，8時。8時という時こくに家を出たんだ。時こくに，時間をたすと，時こくになるんだね。

0時　　30分　？

7時30分

時こく－時間＝時こく

おたんじょう日会は，3時間30分つづいて4時30分におわった。会は，何時何分にはじまったか……？

サッカー　4時30分－3時間30分，答えは，1時。おたんじょう日会は，1時という時こくにはじまった。

ユカリ　だれも，ちこくした人はいなかったから，きちんと1時にはじまったのよ。

3時間30分

12時　？　4時30分

時こく－時こく＝時間

日よう日，10時45分から12時まで，算数と国語の勉強をした。何時間勉強しただろう……？

ユカリ　式をたてると，12時－10時45分。ええと，11時60分－10時45分だから，1時15分。でも，時こく－時こくで，答えは時間だから，1時間15分ね。

サッカー　ずいぶん，勉強したんだね。

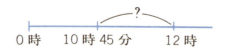

？

0時　10時45分　12時

---

7 時 30 分＋10 時間＝？

土よう日，7 時 30 分におきたユカリちゃんは，10 時間後に，夕ごはんをたべた。夕ごはんの時こくは……？

ピカット　7 時 30 分たす 10 時は，17 時 30 分。でも 17 時 30 分って，午後の何時何分になるんだろう？

サッカー　12 時をひけばいいんだよ。

ピカット　そうか，5 時 30 分だ。

9 時 40 分－7 時 30 分＝？

土よう日，午前 7 時 30 分におきたユカリちゃんは，午後 9 時 40 分にふとんにはいった。起きていた時間は……？

サッカー　2 時間 10 分さ。

ユカリ　ちがうわ！午前と午後にちゅういして。

サッカー　そうか，いけない。9 時 40 分は，1 日 24 時間で考えると，21 時 40 分のことだ。21 時 40 分－7 時 30 分だから，答えは，14 時間 10 分だね。

8 時 30 分－21 時 40 分＝？

土よう日，21 時 40 分にねむったユカリちゃんは，日よう日の朝 8 時 30 分におきた。ねむっていた時間は……？

ユカリ　どうしよう。できないわ！

ピカット　0 時から 8 時 30 分までは，8 時間 30 分。それに，午後 21 時 40 分から 0 時（24 時）までの時間をたせばいいんだ。24 時－21 時 40 分＝2 時 20 分。2 時 20 分＋8 時 30 分＝10 時 50 分。答えは，10 時間 50 分だ。

1. つぎの計算をやりながら「時間」の探険を思いだしてみよう。

① 4時38分43秒＋5時14分13秒＝　　　② 3時8分45秒＋5時42分2秒＝

③ 12時47分38秒－7時32分29秒＝　　　④ 7時53分29秒－3時39分17秒＝

⑤ 9時25分38秒＋4時21分43秒＝　　　⑥ 1時31分37秒＋2時21分48秒＝

⑦ 8時32分15秒－5時25分18秒＝　　　⑧ 15時47分38秒－8時39分47秒＝

⑨ 4時48分29秒＋7時32分51秒＝　　　⑩ 9時39分43秒＋3時47分57秒＝

⑪ 7時23分15秒－5時48分38秒＝　　　⑫ 14時18分57秒－8時49分59秒＝

⑬ 4時56分43秒＋5時37分32秒＋3時23分25秒＝

⑭ 8時45秒＋9時43分8秒＋54分37秒＝

⑮ 9時32秒－4時32分－1時4分53秒＝

2. つぎの文をよく読んで計算をしよう。

① 吉田君は，午前9時30分に家を出て映画館に午前10時8分につきました。映画は，午前10時20分から始まって午後1時45分に終りました。では，ここで問題です。吉田君が家を出てから映画館までどの位かかったでしょうか？また，映画は，何時間何分かかったでしょう。

② 山田さんは，花屋さんに買いものに行きました。バラの花を買って店を出た時，時計は，午後5時42分をさしていました。山田さんは，6時から始まるテレビを見るつもりです。花屋さんから家まで歩いて17分かかるとすると，山田さんは，テレビの時間にまにあうでしょうか？

3. 答えのない問題です。答えは，この問題を解くあなただけが知っているのです。

① 時計（ストップウオッチでもいい）で，自分の家から，駅まで，あるいは，学校までどの位かかるか，はかってみよう。

② 時計をつかわないで，頭の中で時間をはかってみよう。そのあとで時計ではかって，どのくらいちがっていたかしらべてみよう。

いろいろな時計

みんなを時計博物館に案内しよう。かわったおもしろい時計が, いっぱいあるよ。

ローソク時計

砂時計

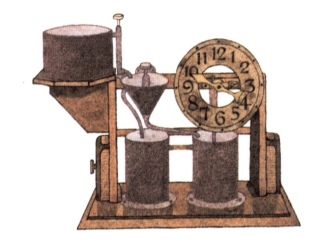
水時計

シャンデリア時計

起重機時計

不思議時計

時こくの話

はかせ　地球は，１日に１回，西から東に向かってまわっている。これを自転というが，知っているかな？

ピカット　ええ。そして地球が，太陽のまわりを１まわりするのが公転で，１年365日かかります。

グーグー　でも，はかせ，太陽は，東からのぼって，西にしずみますよ。

はかせ　ハハハ，グーグー。それは，地球が西から東へまわっているから，そう見えるのじゃよ。

　そこで，太陽がま南にきたときが正午（午後０時）じゃね。

昔の人は，日時計で，正午を知ることができた。

　正午の前が午前，正午のあとが午後になるわけじゃね。

人間はこうして，地球の自転の１まわりを１日ときめ，１日を午前が12時間，午後が12時間，合わせて24時間ときめた。

ユカリ そして, 1時間は60分, 1分は60秒ときめたのですね。でも, だれが, そうきめたんですか?

はかせ やはり, メートル法を作ったフランスの学者たちじゃよ。そこで, 1日を24時間にわける駅の時こく表のようなあらわし方と, 午前と午後を12時間ずつにわけるあらわし方があることは, さっき, 勉強したばかりじゃね。

ピカット はい。でも, 24時間であらわす24時制の方が, 計算をまちがわなくてすみますね。

はかせ そうじゃね。

サッカー ぼく, 考えたんですけど, 1日を10時間にわけ, 1時間を100分, 1分を100秒にしたら, 時間の計算がらくになると思うな。

はかせ でも, それでは1時間が単位として, 長すぎて, かえって不便なのじゃよ。それに, 世界中の時計をぜんぶつくりかえることは, とても不可能じゃね。

時計のようなお坊さん

インドのお寺には，いまでも人間時計がいます。このわかいお坊さんは，大きな水

がめの前で，何をしていると思いますか? 手にもったはちには，あながあいていて，はちを水がめの水にうかべると，やがてしずみはじめます。するとお坊さんは，いそいではちをすくいあげ，手にもったぼうで，カーンとはちをたたくのです。そしてまた，水がめの水にはちをうかべます。つまり，人間時計ですね。

60 はふしぎな数

時間には，60 ごとにすすむ 60 進法が使われているので，計算がやっかいなのですね。

左の人は，大むかしのバビロニアのえらい学者です。コンパスで，円を書き，書いたコンパスのはばで，円のまわりを切っていくと，きちんと 6 つにわけることができます。1 年を 360 日と考えていたバビロニアの人は，360 を 6 でわった 60 を，ふしぎな数だと信じきっていました。これが 60 進法のはじまりです。

時間を売ったおばあさん

　世界でいちばん正かくなふりこ時計は、イギリスのグリニジ天文台にあります。

何年間に1秒しかくるわないのですから、たいしたものですね。ところで、この正かくな時こくを、ロンドンの会社やお店に売って歩いた人がいるのです。ベルヴィールというおばあさんが、この人です。このおばあさんは、正しい時こくを知らせまわっておれいをもらってくらしていた、ゆかいな人でした。

正午の午はウマのこと

　子（ねずみ），丑，寅，卯（うさぎ），辰（りゅう），巳（へび），午，未，申，酉（に

わとり），戌，亥（いのしし）。これらは、12支といわれる動物たちです。むかしの人は、この12支で1日をわけて時こくをあらわしました。

　子を0時とおいてわけていくと、お昼の12時（午後0時）は、午の時こくになります。このことから、正午，午前，午後などのことばができたのです。

やってみよう

タイムテレビのゆかいなお話をもっと聞こうと，グーグーが，はかせにないしょで，スイッチをおしつづけたんだ。すると，……あれれ，問題がどんどん出てきてしまった。これをやってしまわなければ，単位の探険は終わらない。もうひとふんばりだ。それにしても，グーグーったら……

1.
5 時 30 分 43 秒＋4 時 29 分 37 秒＝

8 時 43 分 27 秒＋2 時 28 分 56 秒＝

9 時 28 分 43 秒＋11 時 31 分 17 秒＝

4 時 59 分 39 秒＋19 時 59 分 58 秒＝

20 時 18 分 52 秒＋3 時 41 分 8 秒＝

2.
8 時 46 分 32 秒－5 時 25 分 11 秒＝

4 時 38 分 13 秒－2 時 29 分 14 秒＝

7 時 23 分 15 秒－5 時 23 分 16 秒＝

9 時 2 分 27 秒－2 時 19 分 48 秒＝

10 時 48 分 56 秒－9 時 52 分 58 秒＝

3.
1 日は何秒ですか。

1 月は何秒ですか。

1 年は何秒ですか。

あなたのとしを日であらわして
それを分，秒になおして下さい。

4.
145 時＝□日□時

286 時＝□日□時

1768 分＝□日□時□分

3256 分＝□日□時□分

1458 分＝□日□時□分

5.　一郎君は，夜の9時35分にねてよく朝の7時に目をさましました。さて，一郎君は何時間何分ねていたのでしょうか。

6.　幸子さんは，かいものに行きました。家を出たのが夕方の5時20分でした。家に帰ったのは6時でした。かいものにかかった時間は?

7.　おふろの水は，25分でいっぱいになります。太郎君が，水を入れはじめたのは今から12分前でした。あと何分で水はいっぱいになる?

8.　山田さんは，電車に乗っておばさんの家へ行きました。歩きが20分，電車が2時間40分かかりました。ぜんぶでどれだけかかった?

9.　23時52分発の電車に乗って林さんは，たびに出ました。もくてき地についたのは，よく日の22時30分でした。電車に乗った時間は?

10.　さとう君は，午前中に2時間，お昼に30分，夜1時間45分テレビを見ました。全部で何時間何分テレビを見ていたのかな?

11.　つぎの式を見て，もんだいを自分でつくってください。
　①6時間20分＋3時間35分
　②8時－4時27分

12.　つぎの文をせつめいしてください。
　①時こくと時間のちがい
　②ねている時の時間のはかりかた

ある日，はかせの研究所で……

ある日，研究所の居間に，ユカリ，ピカット，サッカーたちが集まっていた。もちろん，グーグーも，ミクロもマクロもオウムのタロウもいっしょだ。

はかせ　これまでよく研究所へたずねて

きたね。とちゅうでいやになるんじゃないかとしんぱいした時もあったのじゃが，これでひとまず「単位」の探険は終わったのじゃ。みんなは，これからもっとむずかしい探険に出発するのじゃ。

グーグー　でもはかせ，あのタイムテレ

ビを使えば，いいじゃないの。

はかせ それはだめじゃ。じっさいに体をうごかして，いろんな所へ行ってみるのじゃ。

ユカリ またブフックがやってくるかもしれないわ。

ピカット しんぱいすることはないさ。みんなで力をあわせれば，かんたんだよ。

サッカーに，マクロ，ミクロ，オウムのタロウは，なぜか元気がない。わかれが悲しいのかもしれないね。

1. つぎの計算をしよう。単位に気をつけないとまちがえるよ。

① 23 dℓ＋47 dℓ＝　　② 49 cm＋51 cm＝　　③ 45 kg＋87 kg＝　　④ 83 cm²＋79 cm²＝

⑤ 91 cm³＋89 cm³＝　　⑥ 76 秒＋84 秒＝　　⑦ 1 ℓ＋23 dℓ＝　　⑧ 45 m＋55 cm＝

⑨ 82 kg＋18 g＝　　⑩ 40 m²＋60 cm²＝　　⑪ 3 cm³＋5 m³＝　　⑫ 20 秒＋30 分＝

⑬ 30 dℓ－26 dℓ＝　　⑭ 83 cm＋45 cm＝　　⑮ 38 kg－29 kg＝　　⑯ 21 cm²－2 cm²＝

⑰ 37 cm³－28 cm³＝　　⑱ 48 秒－39 秒＝　　⑲ 40 ℓ－42 dℓ＝　　⑳ 3 m－10 cm＝

㉑ 43 kg－50 g＝　　㉒ 18 分－49 秒＝　　㉓ 28 m²－10 cm²＝　　㉔ 14 dℓ－1 ℓ＝

2. つぎの文をよく読んで，算数の探険をふりかえってみよう。

① 56 cm のひもがあります。そのうちの 18 cm を使いました。あと何 cm のこっているでしょう？

② ジャガイモを 30 kg 使いましたが，まだ 55 kg あります。はじめ何 kg のジャガイモがあったのでしょう。

③ 本屋さんで 280 円の本を買いました。またあとからほしい本があったのですが，あいにくとさいふの中には，250 円しかなくて買えません。さいふの中には，はじめいくらはいっていたのでしょうか？

④ けい子さんが，肉を 200 g 買ってきてハンバーグをつくりました。のこった肉の重さをはかったら 28 g ありました。けい子さんは，何 g の肉を使って，ハンバーグをつくったのでしょうか？

⑤ 底面積が 240 cm² で，深さが 15 cm の柱の形をした水そうに，水をいっぱい入れました。水の体積は何 cm³ でしょう？　また，深さが 10 cm だったら，水の体積は何 cm³ になるでしょう？

⑥ 250 cm³ の水がはいっているメスシリンダーの中に 50 cm³ のねんどをいれました。水の高さは何 cm³ のめもりまでくるでしょう？

3. 図のような水そうに，つぎのものを入れたとき，何グラムになるでしよう？

水そうには，いま，810ｇの水が入(はい)っています。

① 90ｇの木ぎれをうかべたとき。

② 15ｇの金魚(きんぎょ)をおよがせたとき。

③ 100ｇのすなと 20ｇのどろを入れてかきまぜたとき。

④ 155ｇのこな石けんをとかしたとき。

⑤ 30ｇのオレンジジュースを入れたとき。

4. ① 春子さんは，いなかへ行くために，夜の9時30分に電車にのり，よく日の午後3時45分にもくてき地につきました。電車には何時間のったかな？

② あきお君のお父さんは，けさ7時40分発のひこうきで旅(たび)にでました。もくてき地には，4時間20分後につくそうです。さて，何時何分につくかな？

5. **オウム** さいごの問題は，はかせの話を聞きながらいっしょに考えていくことにしました。

はかせ どうじゃったね。単位(たんい)というものがどうやって生まれてきたかわかったかな。この本で探険(たんけん)した単位は，それぞれ，同じようなせいしつがあったじゃろう。左のいすを見てごらん。このいすひとつをとってみても，長さ，重さ，面積，それに体積だってはかろうと思えばはかれるじゃろう。このいすをつかって自分(じぶん)で問題をつくってみたらどうかな？
第4巻では，もっとふくざつな単位について探険するのじゃよ。

いろいろな単位-1

ここで探険したいいろいろな単位は

水 (液量) 〔dl　l〕

長さ 〔mm　cm　m　km〕

重さ 〔g　kg〕

面積 〔mm² cm² m² a ha km²〕

体積 〔cm³　m³〕

時間 〔秒　分　時　日〕

単位が生まれるまでの4つの流れ

| ちょくせつくらべる | → | なかだちをつかってくらべる |

ま と め

あわせると たし算になるものばかりです。

水の量は、いれものがかわってもその1部をすてない
かぎりかわらない。

長さは、こまかくきっても、まげても、その1部を
すてないかぎり かわらない。

重さは、形をかえても、こまかくわっても その1
部をすてないかぎりかわらない。

面積は、形をかえても こまかくわっても その1部を
すてないかぎりかわらない。
　長方形の面積＝よこの長さ×たての長さ

体積は、形をかえても、こまかくわっても その1部を
すてないかぎりかわらない。
2つの物体は、同時におなじ空間をしめることができない。
　体積＝底面積×高さ（直方体・立方体・柱）

時間は、時計がなくてもはかれる。
時間は、時の流れの長さで 時こくは時の流れのある点。
時間は、60進法と24進法がつかわれる。

→ きまったなかだちではかる → 世界中でつかえる単位

　はかせの研究所ともしばらくおわかれ
だね。これからどんな探険<ruby>探険<rt>たんけん</rt></ruby>がみんなを
っているのかな?　きっといろんなこと
がおきるだろうね。ピカットはどんなア
イデアを考えるかな。それにグーグーだ
って、これからは、ねてばかりいるわけ
にいかなくなるだろうね。

　みんなは、次の探険に出発するらしい
けど、まだちょっと「いろいろな単位」
について、ふあんだなと思っていたら、

そっとはかせの研究所をたずねてごらん。
べつに、みんなにおくれたって気にする
ことなんかないさ。それより、なにか新
しいことを発見できるかもしれないよ。

　探険って、むりをして前にすすむこと
だけじゃなくて、ひっかえす勇気<ruby>勇気<rt>ゆうき</rt></ruby>もひつ
ようなのさ。

　あっ!　あの木のかげにブラックが!

■著 —— 遠山　啓
■絵 —— 伊沢春男　庭 なおき　ゴトー孟
■文章協力 —— 手島悠介
■発行者 —— 高野義夫
■発行所 —— 株式会社日本図書センター
郵便番号112-0012　東京都文京区大塚3－8－2
電話　営業部 03（3947）9387　出版部 03（3945）6448
http://www.nihontosho.co.jp
■印刷・製本 —— 図書印刷株式会社
■2011年 6 月25日　初版第 1 刷発行
■2013年12月10日　　第 2 刷発行

算数の探険 —— 2
いろいろな単位①

2011 Printed in Japan
乱丁・落丁はお取り替えいたします。

ISBN978-4-284-20189-6
ISBN978-4-284-20191-9（第2巻）
NDC410

＜本書について＞
・本シリーズ「算数の探険」は，ほるぷ出版より1973年に刊行された『算数の探険』（全
　10巻）を復刊したものです。
・内容は，原則として初刊のままですが，明らかな誤字脱字は正し，現代からすると
　不適切な表現には，もとの文章の意図を変えない範囲で修正を加えています。
・時代を経たことによってわかりにくくなった箇所には本文に＊印を付し，短い注を
　加えました。＜注＞として補ったところもあります。
・装幀は初刊の装幀をできるだけ生かしました。また，初刊に付されていた「解説ノ
　ート」や教具などの付録は割愛しました。
・本書の著作権関係については十分に調査いたしましたが，お気づきの点がありまし
　たら，出版部までご連絡ください。